閱讀空氣 懂人心

Communication Intelligence

「懂事」總經理教你優化連結、深度合作、擴大影響力的CI溝通學

謝馨慧 —— 著

目錄

推薦序	溝通智能:「誠人之美」的實踐／沈尚弘	4
	真誠,是最動人的溝通力／李靜芳	8
	讓世界多一點懂得聽與說的人／盛治仁	10
	一輩子受用的溝通資產／黃晨皓 Kim	13
	信任、尊重,是最珍貴的引導／謝采翰	16
作者序	分享「高含心量」的溝通智能學	18
	百位企業 CEO「董事長」好評推薦	21
前　言	AI 時代的未來競爭力,從內建 CI 溝通智能開始	24

PART 1　學會讀空氣,控場才給力

Chapter 1	閱讀空氣｜判讀利害關係的商業素養	36
Chapter 2	好提問法則｜有效溝通,引出關鍵訊息	48
Chapter 3	聽懂話裡有話｜掌握弦外之音的溝通技術	60
Chapter 4	說服心理學｜讓對方點頭的入戲技巧	72
Chapter 5	衝突管理｜拆解溝通炸彈的情境應對	82

PART 2　由內而外，點線面的溝通合作

Chapter 6	向上溝通｜聰明面對老闆的「無理要求」	98
Chapter 7	向下領導｜跨世代團隊溝通的關鍵技巧	114
Chapter 8	合作極大化｜跨部門橫向溝通及外部合作	127
Chapter 9	創造雁行效應｜團隊激勵策略大解析	144

PART 3　由心到口，表達力的自我升級

Chapter 10	管理溝通能量｜界定對象，讓對話更輕鬆	164
Chapter 11	找出溝通風格｜因人而異、因時制宜的表達	180
Chapter 12	你的溝通說明書｜快速表達自己，展現誠意	198

PART 4　溝通變現，成為自己的發言人

Chapter 13	強化個人影響力｜當你自己的品牌代言人	212
Chapter 14	輿論危機指南｜雙軌並進，降低後座力	224

結　　語	讓溝通智能與你同在！	234

推薦序

溝通智能：「誠人之美」的實踐

沈尚弘
大亞集團董事長

十多年前，我帶領大亞對外溝通，找到奧美合作，因而結識 Abby。一開始做這件事的時候，同仁們都不是很了解，他們問：「董事長，我們一家 B2B 企業，為什麼要做廣告？」我跟他們說，我沒有想要做「廣告」，我想做的是「溝通」。

溝通，是為了讓所有的利益關係人——包括客戶、同仁、往來銀行、現在或未來的投資人、供應商、NGO、政府組織等廣泛的社會大眾更了解我們。沒想到，和 Abby 合作十多年後，真的看到她寫出一本關於

「溝通的智慧和能力」的書，我還非常榮幸地受邀為這本書撰寫推薦文。

我問 Abby，妳為什麼要寫這本書？她告訴我，第一本書寫的是「成人之美」，而第二本書寫的則是「言人之美」，兩本書加起來就是她的價值觀——誠人之美，希望以她過去幾十年的工作經驗，幫助大家在「溝通」這件事上做得更好。

CI，是全方位的智慧加能力

「誠」這個字，其實也是溝通的核心。

Abby 在書裡寫道，溝通的第一步就是要「無我」——先把自己放下，敞開心胸去聆聽，才能真的「聽到」對方說出口的話、沒有說出口的話、肢體語言及背後潛藏的情緒。

我跟 Abby 說這個觀點很正確，因為無我就是一種「由外而內的聆聽」，但最後還是要「有我」——也就是「由內而外的表達」，知道自己要表達什麼訊息、用什麼樣的方式溝通？要做到由外而內的聆聽、由內而外的表達，需要左腦和右腦並用，就是書裡提到的——溝通需要「理性」與「感性」並重。

另外，書中也講述了向上溝通、向下領導、橫向溝

通和對外溝通的關鍵,幫助讀者從個人合作力到團體領導力,再到影響力和個人品牌,全方位提升你的 CI (Communication Intelligence)。我覺得這個詞非常好,因為現在大家都說「AI 人工智能」,但 Abby 說的是「CI 溝通智能」──良好的溝通就是智慧加上能力,需要懂得由內而外、由外而內,兼具感性與理性,並且從向上、向下、橫向、對外,對於各個不同的利益關係人都會牽涉到的一種全方位綜合智能。

我會推薦這本書給同仁閱讀,是因為 Abby 在書中提到了好幾個不同的溝通層面,就個人而言,提升自己的 CI,比較容易取得別人的信任與合作;從團體角度來看,CI 跟領導力有關。再探究更深一層,CI 也對企業領導人提升個人品牌的影響力有關,所以我自己也在閱讀這本書的過程中獲益良多。原來,「溝通」這件事可以從概念、能力、層面上,分析出這麼多不同的面向,所以 Abby 把它叫做「CI 溝通智能」,是有道理的。

誠意,是溝通的本質

不過,再怎麼優秀的溝通技巧,如果沒有辦法取得對方對你的信任,都是無效的。在與 Abby 合作十多年的過程中,大家也不可能永遠意見一致,但真正的 CI

溝通智能不是避免衝突,而是拿出誠意、運用智慧來化解衝突。

什麼是以「誠」溝通呢?也就是回到溝通的核心——願意站在對方的立場上思考,以對方的最大利益為考量。這一點,在我們的意見有衝突時,Abby 真的是親身實踐,而大亞同仁和奧美團隊也因此建立更深一層的共識,維持長久的合作關係。

從「成人之美」、「言人之美」,到「誠人之美」,Abby 在這本書裡分享的 CI 溝通學,不是要你學套路、講話術,而是像她一樣在工作和生活中實踐溝通的本質——以誠感人,人亦誠而應。

將這本誠意之作,推薦給您。

推薦序

真誠,是最動人的溝通力

李靜芳

遠東巨城購物中心董事長

在瞬息萬變、追求效率的商業世界,讓團隊真正運轉、受激勵、有共識的,不是流程表,也不是技術力,而是溝通力——一種能連結人心、帶來理解、行動的關鍵能力。

對我而言,溝通從來不只是技巧,而是一場「**用心靠近**」的對話。

在經營購物中心的實務現場,最能改變現況、化解衝突、凝聚團隊的時刻,總來自於一句說到心坎裡的話,一個理解對方立場的眼神,甚至是一個溫暖的微

笑。「真誠」與「同理」決定了合作的溫度，也形塑了領導的力量。

與世界對話的起點

　　Abby 是我非常敬佩的溝通實戰者，她以縱橫品牌、危機處理與跨國協作的經驗，寫下以「CI 溝通智能」為主題的這本書，為讀者揭示：「真正有效的溝通，不是你怎麼說，而是對方是否願意聽、是否願意改變。」

　　書中提到的「讀空氣、問對問題、聽懂話外之音、說進人心深處」四大能力，看似簡單，卻是我在多年管理歷練之後最深的共鳴所在。尤其在零售與服務業中，溝通品質決定了顧客的體驗；與品牌供應商、同仁之間的信任與共識，往往也建立在一次次真誠的對話中。

　　Abby 以親身經歷跟我們分享，CI（Communication Intelligence）是可以培養、也能內化於行為與態度中的智慧。它融合了**觀察力、同理心**與**自我覺察**，使言語不僅僅是表達工具，更成為連結人心、促進理解的橋梁——這正是 AI 永遠無法取代的價值。

　　一句有溫度的話，足以照亮每個角落；而一顆願意傾聽的心，也是你與世界對話最動人的起點！

　　誠摯推薦這本書給每位「渴望讓自己更好」的人。

推薦序

讓世界多一點懂得聽與說的人

盛治仁
雲品國際董事長

在這個人人都在發聲、卻很少有人真正被聽見的時代，我們迫切需要溝通智能（Communication Intelligence）。這不只是能言善道，也不是話術，而是一種能讓我們「先懂、再說」的思維。Abby 的《閱讀空氣懂人心》正是這場溝通革命的珍貴指引。

Abby 以近三十年的實戰經驗（對，她小學就開始出來工作了），建構出一套貼近人性、溫柔且堅定的溝通方法論，點醒大家對溝通的三大迷思：

- 以為很會說話就等於會溝通
- 以為溝通就是對方照做
- 將溝通簡化為「見人說人話，見鬼說鬼話」

她強調真正的溝通是建立在充分理解對方需求與動機的基礎上，透過真誠交流創造出比個人想法更優越的解決方案，並在雙方同意的方式下執行。這是一種懂得**觀察情勢、說對話、做對事**的應對能力，不管在職場或是人生都不可或缺。書中不賣弄艱深的理論術語，而是以生活語言說明專業知識。將「讀空氣」、「問對問題」、「聽懂話裡有話」、「說服心理學」、「衝突管理」、「向上溝通」、「向下領導」、「跨部門合作」等主題，拆解為實用的方法與工具。

她也在書裡誠實談論失敗與盲點，慷慨分享突破與成長。這樣的文字讓人感受到她對人的誠摯關懷，以及**「讓對話成為改變的起點」**的信念。在閱讀過程中，彷彿親身經歷她的成長歷程，獲得最真實的啟發與力量。

有力量的話語，從「懂得聽」開始

Abby 不是一位典型的「董事總經理」，她不倚重權威，而相信觀察；她不熱中話語權，而致力於讓聲音

被聽見。不論是面對客戶、同事，還是學生與家人，皆以真誠對話作為起點。

跟她相處，如沐春風，在外界對她的評價中，最常出現的字是「溫暖」、「睿智」、「接地氣」。不論在企業內訓、公開課程還是社群演講中，她都被學員與企業主管視為「最會講人話的老師」。這不只是她的說話技巧，更是一種人格的體現。

如果你是領導者，閱讀這本書將幫助你成為一位更能帶出團隊的溝通者；如果你是新鮮人，這本書是你在**職場中走得穩、說得對、聽得懂**的入場券；如果你是一位生活中在意關係、願意學習的人，這本書將成為你更靠近「理解」與「被理解」的橋梁。

Abby讓我們明白，真正有力量的話語，是**先從「懂得聽」開始**的；就像真正的領導力，不是讓人服從，而是讓人信服一樣。

推薦序

一輩子受用的溝通資產

黃晨皓 Kim
PopDaily（波波黛莉）共同創辦人／執行長

能把事情講得很清楚的人，一定是把事情想得很清楚；而能把事情想得很清楚的人，往往也能看得很清楚、說得精準、做得扎實。

我在閱讀這本書的過程中，最常冒出的感覺就是：「哎啊！如果早一點知道這個技巧、這個方法、這個角度，當年就不會那麼焦頭爛額了吧？」那種懊悔混著釋然的感受，像是翻出老照片時才發現，原來過去一直少了一把關鍵的鑰匙。慶幸的是，現在這把鑰匙，終於出現在我們手上了。

這本書的作者 Abby，不只是溝通專家，更是我當年的溝通啟蒙導師。那時，我的公司 PopDaily 正歷經一連串棘手的公關事件，是她在關鍵時刻教會我們如何用具體行動解決實質問題、用正確語言重建信任與秩序。我對她的感謝從未停止，因為這些年來，每當我再次使用那些方法處理問題時，都會想起當年她毫無保留地指導與協助。

向有結果的人買「結果」

說真的，我沒想到一本像是「溝通武功祕笈」的書，會在這個時間點問世。這本書不是單純講道理，而是鉅細靡遺地幫你整理出溝通框架與實戰情境，包括：

- 不同的對話場景要用哪些工具？
- 怎麼拆解問題？
- 該怎麼應對誤解、衝突、拒絕、轉彎或拒絕？

這不是抽象的理論，而是你在會議上會用、在 Line 裡會打、在 Email 裡會寫、在面對面協商中會說的話語結構。它實用到讓你在讀完後就會想馬上練習。

我讀過很多溝通類的書，但真正對「溝通場景」有深度洞察的，非常稀少。所以，這不只是一本書，也是一本帶你打開世界的「語言作戰手冊」，更是一份讓你練就受用一輩子的「關鍵技能」的藍圖。

經歷過愈多的複雜場景、角色轉換、利害交織，你會愈明白一件事：

當一個人在某件事上，比你好很多、很多，向有結果的人「買結果」，是最省錢的學習方式。

在這本書裡，Abby 運用她這些年來在最複雜場域裡累積出來的扎實經驗，把自己如何讓溝通成為解決問題的工具完整「封裝」進來。這樣的知識、經驗與架構，若你願意打開來用，它將會是你一輩子都受用的溝通「資產」。

推薦序

信任、尊重,是最珍貴的引導

　　五年過去了,媽媽出版了她的第二本書。

　　這五年間,我從一名青少年成長為大學生,生活節奏也隨之改變,陪伴媽媽的時間變少了。但在每一個獨自奮鬥的夜晚、每一次面對難題的時刻,我都會想起她曾經無微不至的陪伴與支持,那是我成為現在的自己的重要基石。

　　媽媽的教育方式與眾不同。她給我足夠的自由,讓我學會思考、選擇、失敗,然後重新站起來。也正因為這樣的成長環境,我才有機會真正了解自己,明白自己的優點與不足,清楚自己想要成為什麼樣的人。

她從不強迫我走某條路，而是**以「信任」與「尊重」引導我走出自己的方向**，這份自由是我最珍貴的禮物。

　　在課業之外，我能專注投入各種興趣，從不擔心分心，因為她教會我「時間」與「熱情」可以並行，只要真心喜歡就值得用力去做，而當我在人生的岔路口迷惘時，無論她工作有多忙，都會停下來傾聽我、分析問題、陪我思考。她不只是母親，更是我專屬的後盾、永遠的靠山。

　　這本書的誕生，我也有幸參與其中。

　　我們經常一起討論書中觀點的呈現方式，她總希望文字能讓人真正感受到專業背後的溫度。媽媽把自己多年在業界累積的知識與經驗傾注其中，不是炫耀，而是誠摯地想將這些智慧分享給需要的人。她相信知識是可以被傳遞的，而每一位閱讀這本書的人，都是她想支持的對象。

　　作為她的孩子，我感到無比驕傲。她不只是我心中最溫柔的力量，更是許多人學習路上的明燈；若你也在尋找人生的方向，或渴望汲取來自實務的養分，那麼這本書會是你很好的起點。我真心希望讀者們能從中獲得啟發，就像我一直以來，從她身上學到的一樣。

（本文由 謝采翰／淡江大學國際觀光學系一年級 撰寫）

作者序

分享「高含心量」的溝通智能學

　　我是個幸運的人，從工作的第一天起，就一直做著我很喜歡又可以培養成專長的工作，那就是「溝通」，而且會持續做到我永遠閉上眼睛那一天為止。WHY？

　　與他人良好溝通，對從事品牌公關顧問的我來說，可以在工作上「言人之美」，在生活中「成人之美」，實踐生命的「誠人之美」。這是我定義幸福的所在。

　　一般來說，懂得溝通的人通常較有同理心，能換位思考，易被人接納，有機會獲得幫助並提高合作成交的機率；擔任領導人時也較能贏得人心，創造高效團隊的向心力及績效，進而創造更大的影響力。現代人做事靠AI，做人就要靠CI了，這是我職涯超過三十年來服務過數百個客戶的觀察及心得。

　　有趣的是，幾乎人人都會講話、都能表達，但學會「好好溝通」怎麼這麼難呢？我自己真實地經歷了「心累」、「心悟」及「心流」三個心境的轉換階段，所以溝通其實是一個「高含心量」的學問。

　　我常在演講中，分享自己在奧美第一段上班時的離職故事。那時我覺得自己什麼都不夠，與人說話沒有自

信,話聽一半就急忙做事,遇到問題不敢問,做錯了就重來,人生一直跳針,因而感到身心俱疲。撞牆後,我選擇休息並重新省思:我喜歡這份符合價值觀的工作,如果想繼續,勢必得改變自己,因為要成功達成任務,團隊合作是必要條件,根本無法一個人完成。

掌握溝通關鍵,團隊才走得遠

　　短暫休息過後,再回到職場,我開始一步一步探索、請教、試錯、修正、累積及思考,理解人與人本來就不同,對方不可能凡事與你同步同頻,所以要肯表達、重傾聽、學理解、試同理,才能有機會開始截他的長、補我的短,工作起來才會增加成功的機率及效率。

　　這是逐步領悟的終身學習旅程。當我開始練習這麼做,漸漸發現彼此可以接到雙方的球,訊息交流順暢無阻、默契十足,那是一個非常 Magic 的觸動;同頻共振的心流,讓個性差異不再是障礙,我們彼此互補,一起面挑對戰、完成任務,如此的感覺真的棒極了!因為一個人走得快,一群人才走得遠,是亙久不變的道理。

　　所以溝通的真義是「To the right people say the right thing in the right way.」(用正確的方式,對正確的人說正確的話),武功高強的人就是能從空氣中讀到、也掌握到如何成功溝通的關鍵。

不同世代溝通實例的解析課

　　我三十多年來如一日，天天活躍在職場、市場及戰場上，需要精煉專業才能服務世界第一的客戶，或是把客戶服務到第一，歷練不同世代各式各樣的溝通實際場景，因此我起心動念著手整理自己在不同時期及場合發散的學習血淚史，將那些夜深人靜的頓悟、領悟與覺悟，整合歸納成一個系統思維，我將之命名為「溝通智能」（Communication Intelligence，CI）。

　　2024年我在天下學習推出線上的《閱讀空氣＋洞察人心的溝通課》，每個章節都是我用心規劃的理論、步驟與練習，而此刻在您手上的正是線上課精煉後的「書籍版」。在學習這條道路上，我期許自己是一個公關品牌顧問、溝通美學家，也是可以被您接納的陪跑教練，持續分享我懂的事情，即使可能懂得還不夠多。

　　將此書獻給我的母親謝賴素珍女士、我的驕傲謝采翰先生、給我很多愛的妹妹及家人們；謝謝在天上的父親謝幸男保佑我度過難關、叔叔對我的疼愛支持及陪伴指導。感恩奧美客戶及伙伴們，也謝謝此書的貴人群：天下集團的所有伙伴們；更將此書獻給每位閱讀到這裡的朋友們。我們一起學習好好溝通，掌握職場成功關鍵，歡喜享受與伙伴們共創、共好、共榮的時刻。因為學好溝通，你將是最大的受益者。

百位企業 CEO「董事長」好評推薦

王永福	F學院線上學習創辦人、簡報與教學教練
王劭仁	慕舍酒店（MVSA）／燈燈庵料亭執行董事
卞志祥	台灣微軟總經理
白佩玉	吉品養生創辦人
李文豪	采風智匯創辦人暨執行長
李吉仁	誠致教育基金會董事長、台灣大學名譽教授
李思賢	高端疫苗生物製劑公司總經理
李森斌	康博集團執行長
李景宏	台灣奧美集團執行長
李鐘培	緯來電視網董事長、影一製作所執行長
邱裕翔	瓜瓜園企業總經理
邱彥錡	SparkLabs Taiwan 創始管理合夥人
吳王小珍	思敏國際顧問有限公司執行長
吳定發	成運汽車董事長
吳佳翰	勤業眾信聯合會計師事務所顧問業務服務營運長
吳孟哲	豆府餐飲集團創辦人
吳郁萱	正大聯合會計事務所總經理
吳　鋒	凱渥集團董事長
吳琬瑜	《天下雜誌》共同執行長暨內容長
吳漢中	社計事務所創辦人暨執行長
吳漢章	華碩雲端暨台智雲總經理
宋又時	十藝生技創辦人暨總經理
沈方正	老爺酒店集團執行長
汪用和	鴻海教育基金會執行長
何炳霖	CAMA CAFE 品牌創辦人暨董事長
林大涵	貝殼放大公司創辦人暨執行長
林村田	台灣大車隊創辦人暨董事長
林裕欽	Dcard 共同創辦人暨執行長
林俊良	太子物業管理顧問公司董事長
林彥秀	安麗集團台灣、香港暨菲律賓總裁
林家振	美國安卓樂資本（Andra Capital）合夥人
林進賢	安永生活事業執行長

林健祥	宗瑋工業董事長
林國良	財金資訊公司董事長
林嵩烈	將捷集團董事長
周立涵	樂天 Kobo 亞洲本部長
范可欽	知名創意人
胡孝揚	台灣飛利浦公司董事長
陳玉芬	藝珂人事集團東亞區資深副總裁
陳正輝	王品集團董事長
陳彥伯	興富發建設執行長
陳亭如	葡萄王生技公司獨立董事
陳俊逸	翡暃國際執行長
陳素慧	CLARINS 克蘭詩臺灣分公司總經理
陳進財	穩懋半導體董事長暨總裁
陳國君	悠遊卡公司總經理
陳惠鶯	快樂麗康企業董事長
陳璟浩	鉅鋼機械總經理
夏志豪	緯謙科技總經理
許金川	臺大醫學院名譽教授、肝病防治學術基金會董事長
徐明義	華育生殖醫學中心院長／教授
倪重華	MTI 音樂科技學院基金會董事長
陸意志	創意點子創辦人暨執行長
郭騰鴻	容誠開發企業總經理
馬興武	乙梵整合行銷總經理
張 彰	翰林出版集團營運長
張鴻鈺	台灣諾基亞通信業務總經理
曹世綸	SEMI 國際半導體協會全球行銷長暨臺灣區總裁
莊淑芬	台灣奧美集團共同創辦人、共想聯盟願景長
程開佑	資廚管理顧問 iCHEF 共同創辦人
崔麗心	知名主持人
黃日燦	台灣產業創生平台創辦人暨董事長
黃文德	時藝多媒體傳播董事長
黃明漢	神基控股暨神基科技董事長
黃俊安	溫德姆酒店集團亞太區總裁
黃昱程	台灣票據交換所董事長

黃欽勇	DIGITIMES 暨 IC 之音董事長
黃聖峰	睿信管理顧問公司總經理
黃寶世	貳樓餐飲集團創辦人暨董事長
曾崇凱	康寧顯示科技大中華區總裁暨總經理
楊正弘	福容大飯店總經理
楊紹欣	崑洲實業公司總裁
楊舜如	虎門科技創辦人
楊惠姍	琉璃工房創辦人、藝術家
楊淨如	力麗觀光集團董事長
葉明桂	前台灣奧美集團策略長、桂爺品牌策劃創辦人
葉泰民	集思國際會議顧問執行長
葉　雲	《天下雜誌》共同執行長暨業務長
葛望平	歐萊德 O'right 創辦人暨董事長
葛煥昭	淡江大學校長
鄭吉成	友井酒店集團總裁暨執行長
鄭凱隆	聯發國際餐飲董事長
廖學茂	富士達保險經紀人公司董事長
蔣雅淇	STUDIO A 共同創辦人
蔡玉玲	理慈國際科技法律事務所共同創辦人
蔡佳晉	寶晶能源董事長
蔡明璋	大瀚國際開發董事長
蔡惠卿	上銀科技總經理暨共同執行長
蔡漢威	連雲建設執行董事長
劉宥彤	台灣新創品牌 Startup Island TAIWAN 計劃負責人
劉麗珠	YouBike 微笑單車董事長
蕭清志	緯創軟體董事長暨執行長
盧希鵬	臺灣科技大學資訊管理系特聘教授
韓志杰	騰訊在線視頻副總裁
謝文憲	企業講師、作家、主持人
謝萬雄	第一建築經理公司總經理
謝榮哲	中國砂輪總經理暨執行長
簡士評	MAYOHR 鼎恒數位科技創辦人暨執行長
譚明珠	聯寶電子董事長
龔大中	台灣奧美集團創意長

前言

AI 時代的未來競爭力，從內建 CI 溝通智能開始

「是不是我不會溝通？雙方都開會這麼多次了，為什麼客戶還是不同意我的方案呢？」

「這個跨部門專案已經討論三次，我都說這麼清楚了，為什麼業務同事還是不買單呢？」

上述這幾句話，你一定不陌生，甚至曾經從你的口中說出？我承認，這些話我都說過，甚至也和許多人一樣，覺得最讓人心累的不是做事，而是溝通！但也深受因「溝通不良」導致工作中產生誤解、衝突和錯誤的痛苦，讓我開始「從錯中學」，一步步調整自己的溝通方式。根據多年的「試錯」經驗，我歸納出「溝通」常見的三大迷思：

迷思 1：很會說話 = 很會溝通

因為行銷公關的工作需要，我常常必須站在第一線扮演溝通的角色，而被貼上「會說話」的標籤。殊不知，我從小到大做過的各種性向測驗中，結果都是內向者（Introvert，I 人），內在性格不愛主動講話，也不熱中於過度社交。

所以，不習慣被關注，稍微有點「社恐」的人，未必就不會表達、不善溝通。相反地，會講話、愛講話的人也不等於會溝通。重點是，要如何辨識溝通的對象？用什麼方式、什麼樣態的訊息（可能是紙條、Email 或短訊）溝通？才是進行溝通的過程時要考量的。因為**溝通不只是傳遞話語，更是訊息互相交流。**

迷思 2：很會溝通 = 對方照做

常常聽到工作伙伴說：「我溝通得心好累，跟他（可能是客戶、同事、上司、下屬⋯⋯）溝通好幾次了，他都聽不懂，根本也不做嘛！」其實光是從這句話中，可拆解出不少資訊，我們可以從中反思，到底「溝通」是什麼？

試問，如果已經跟對方溝通了，但是他卻沒有按照

你的方法做,這時候不妨想想,希望對方按照你的需求照做,這是指令,還是溝通呢?「溝通」必須透過兩個人充分打開彼此的內心空間,進行充分的討論,共同創造一個比個人想法更好的做法,並且能夠在雙方共同同意的方式下執行,才是溝通最終目的。

所以,溝通並不是你叫對方做,對方就一定要按照你的意思去做,才叫做很會溝通。

迷思 3:溝通 = 見人說人話,見鬼說鬼話

很多人說,我從事的公關產業就是見人說人話,見鬼說鬼話,「靠一張嘴做關係」。對於這種帶有貶抑、嘲弄意味的描述,我總是一笑置之。因為回到「溝通」的目的來看──跟對的人說對的話,雙方才能共同創造更好的做法,並在共同同意的方式下執行。難不成要「見人說鬼話,見鬼說人話」嗎?一定失敗的。

理解溝通的對象,是和對方交流之前非常重要的基

||溝通的目的||
1. 共同創造一個比個人想法更好的做法
2. 以共同同意的方式執行

礎，尤其是要知道對方**在意的事情、想要執行的行動和想要達成的目標**。如何能夠透過溝通理解對方的想法，並同時充分傳遞你的想法，進而說服他，這樣才能讓雙方有共同的結論，繼而往前去行動，最終達成目標。因此，溝通不只是要見人說人話，見鬼說鬼話，還要說到對方的心坎裡。

但是，溝通要做到「說入人心」，可以不心累嗎？能有更省力的方式嗎？

CI 溝通智能：比 AI 更重要的競爭力

當前人工智慧（Artificial Intelligence，以下簡稱 AI）發展快速，藉由結合數據資料庫和科技應用，AI 可執行各種人類下達的指令，運用得當不僅可以提升工作效率、優化生活品質，甚至可以改變未來人類做事的方式。

有人認為，在 AI 時代要學溝通，是因為我們要學會清楚地對 AI 下指令、指揮它完成希望達到的工作成果，但「溝通」這門學問並不只是學語言，而是學習一種懂得觀察情勢，在適當的情境下，說對話、做對事的應對能力。

也就是訓練自己在不同場合、不同情境，針對不同

對象都能良好溝通的技巧,同時經過不斷試錯之後再修正,逐漸內化為一種可以自我覺察的溝通能力。

未來想要成就事業與生活,在做事情上我們可以靠 AI,但能夠掌握溝通、互動的溫度、洞察人心的 CI（Communication Intelligence,溝通智能）,才能建立你無法被 AI 取代的競爭力。在這裡要特別說明的是,為什麼我要把 Communication Intelligence 的中文翻譯成「溝通智能」,其實和地區用語無關,而是我認為「會溝通」並不是在培養自己能言善道,而是一種在理解溝通的「本質」以後,可以自我鍛鍊、刻意練習的應對智慧和能力。

何謂溝通的本質呢?包括溝通的技巧、方法(右腦思考),以及管理溝通要運用的能量、時間(左腦思考)。人類以**右腦思考**時會關注差異,照顧感受,這就**是洞察人心的「智慧」**;而運用**左腦思考**時正好相反,會先注意邏輯,之後才是看細節,這也就是**閱讀空氣的「能力」**。

┫ 溝通的學問 ┣

學習一種懂得觀察情勢,在適當的情境下,
對著對的人說對話、做對事的應對能力。

全方位打造溝通腦

左腦
閱讀空氣的「能力」

Step1：
觀→掃描整體氛圍

Step2：
問→問出關鍵問題

Step3：
聽→聽出弦外之音

Step4：
說→表達核心訊息

右腦
洞察人心的「智慧」

Step1：
辨識目標對象溝通風格

Step2：
盤點溝通對象 360 度雷達圖

Step3：
聰明管理自我溝通能量

Step4：
主動分享自我溝通手冊

　　為什麼 CI 溝通智能是一種需要自我鍛鍊、刻意練習的應對智慧和能力？因為在工作場域中，不管是面對主管提出的要求，或是帶領團隊達成共識，又或者要針對跨部門、不同區域、不同國家進行專案討論，甚至向外爭取更多的合作空間，能夠順利完成多面向、多功能的分工協作，都需要溝通的智慧和能力。

　　然而，並不是每個人都是一開口說話就懂得溝通，學習 CI 溝通智能也不是教你會說話，而是帶你：

- ☑ 看懂對方沒說出口的訊號
- ☑ 說中對方心中最在乎的事
- ☑ 在意見分歧時建立彼此的信任
- ☑ 全面掌握從自己到他人的對話結構與關鍵節點

打造 CI 溝通智能的 3 大好處

　　事實上，大多數人開始學習 CI 溝通智能，都是從踩到別人的「雷點」，歷經人際地雷轟炸的「洗禮」之後才開始。以我自己來說，大概就是在工作上深受十年的踩雷之苦、又練習了十年的溝通智能，才讓「溝通」這件事變得相對容易一些。

　　也就是說，打造你的 CI 溝通智能，首先要有「**意願**」，確認學習溝通這件事是重要的。第二件事情就是學習的「**行動**」，彼得‧杜拉克曾說：「時間花在哪，成就就會在哪。」打造自己的 CI 溝通智能也不例外，能夠在不同情境下，面對不同對象都能輕鬆地溝通，都需要經過長時間的「**刻意練習**」。

　　經過長時間的刻意練習後，我自己愈來愈感受到和別人「溝通容易」帶來的好處，尤其在職場上，你會發現這些好處都會回到自己的身上。CI 溝通智能養成的好處有三個非常重要的層次：

1. 個人層次：提升合作力

當你發現夠把自己的意思向工作伙伴、客戶、主管**說清楚**，身邊共事的伙伴也會比較明白你的想法，進而**同理**、**接納**或是**被說服**，你就可以在很有效率的情況之下把工作完成。恭喜你，此刻你已收到 CI 帶來的第一個好處——透過 CI 溝通智能建立良好的合作力，讓工作效率倍增。

2. 團隊層次：成為領導力

如果你不是一個人獨力做事，而是必須負責一個團隊，或是帶著伙伴一起建立共同目標，方向一致地達成目標，懂得善用 CI 溝通智能就能比較容易透過**完整的**、**完善的**溝通，把你的理念跟工作伙伴分享，以確保團隊能夠按部就班地朝著共同方向前進，甚至工作伙伴們也會願意跟著你的想法往目標行動，達到團隊成果。

如此一來，你就能收到第二個 CI 帶來的好處——將 CI 溝通智能變成你的領導力，讓你在職場上向前更進一階。

3. 大眾層次：擴大影響力

更進一步，當你準備或是已晉升為一間公司的主管接班人、負責人、CEO、執行長，甚至於參與公共事務

時,需要在大型會議、論壇上,對眾人發表演說或是進行理念分享時,溝通對象除了認識你的人之外,更多的是陌生人。

若是能讓陌生人(大眾)理解你的理念,進而能夠支持你、贊同你,甚至願意跟你一起行動,一起推動重要的社會倡議時,那你就臻至CI帶來的第三個好處(最高層次),我稱之為「影響力」。

當你藉由CI溝通智能傳遞對社會的影響力,創造更多美好事物,甚至運用影響力帶給世界更好的改變,不是一件很棒的事情嗎?這也是我期許自己成為CI溝通智能教練的內在核心力量。

由此可見,學習CI溝通智能帶給自己的好處,是放射狀地不斷擴大:

好處1:提高工作力

是讓CI提升**工作力**,將自己變成別人工作上的好伙伴,讓別人也幫助你,共同順利完成目標與工作。

好處2:具有領導力

是讓CI變成**領導力**,幫助你帶領團隊、工作伙伴,並且藉由溝通與不同人建立共同想法,向相同目標邁進。

好處 3：創造影響力

如果你是一個有夢想的人、企業公司領導人,想把很棒的創意、點子變成商業想法,或是提出重要的社會倡議,進而改變世界,這時你的 CI 溝通智能就擴大為一種**影響力**,成了改變世界的力量。

想在 AI 時代培養不敗的競爭力?現在就開始自我鍛鍊、刻意練習你的 CI 溝通智能,你可以先問問自己:

❶ 什麼想要學習溝通?(至少三個理由)
❷ 你打算如何學習溝通呢?
❸ 請試著列舉三個可以練習溝通練習的對象。

PART 1

學會讀空氣，控場才給力

Chapter 1

閱讀空氣──
判讀利害關係的商業素養

最重要的事情，往往沒有說出口，而是藏在空氣中。

很多人不知道，CEO 們聚在一起時都在聊什麼？其實，每次和 CEO 或管理階層的朋友們聚會，無論當天聊的主題是什麼，最後都會有 80% 的機率轉向「委託求才」。

朋友們拜託我幫忙找人，他們會問：

「你有沒有認識優秀的業務？」

「有沒有很會服務 VIP 客戶的？」

「有人脈廣、見識高的嗎？」

甚至有人會直接問：「你的部門裡有沒有誰離職了？可以介紹給我嗎？」

我很狐疑地問：「你們公司這麼大，怎麼會找不到人？」

他們的回答多半很類似：「找得到人啊，可是總覺得找來的人在工作上都有點白目。」

有點白目？到底是什麼意思？比方說，電梯門一開，你看到同事眼眶紅紅地走進來，直接就問：「你剛在哭嗎？」此時的氣氛一定瞬間尷尬，對方一定是沉默以對，或是很草率地回答說：「沒有啦！」

如果真的想要關心對方，比較好的做法是等到只有兩人的場合，或是悄悄地走到他的座位旁邊，也可以遞張紙條、送個私訊，輕聲問他：「還好嗎？怎麼了嗎？」這樣才能開啟對話和溝通的機會。

上述情況只是關乎於職場人際溝通上的「白目」，至於放在工作項目上，就是有些人雖然知道要看場合說話，但他們就是不會察言觀色，甚至還會在關鍵時刻說錯話，把一個本來快要談成的案子搞砸。我發現愈是高階的企業主管，找人時愈重視以下幾個關鍵字：**看場合說話、察言觀色、能談得成案子**。反而未必是如人力銀行、獵頭公司在填寫履歷表時，先看求職者的學經歷等。可見，現在企業不是缺人力，而是缺「人才」。

讀空氣、懂溝通的人才稀缺

所以,什麼樣的人才目前最稀缺呢?就是懂得讀空氣、懂溝通的人。

「讀空氣」的能力源自於日文的「空気を読む」,由於日本社會相當重視禮貌,同時在企業內非常重視團隊合作,個人身分的比重放得很低,形塑了日本獨特的職場文化,以至於「讀空氣」成為人際之間,甚至日常生活中的必備能力。

讀空氣,簡而言之,就是察言觀色——能夠**根據現場的情境氛圍,說出合時、合地、合人、合宜的話語。**

一個人懂得讀空氣,也代表他能夠掌握顯性/隱性、語言/非語言的溝通四模組。

在工作上,不論是對內或對外,我們都需要與不同的人協作、互動,也因此掌握顯性/隱性、語言/非語言的溝通模組,是所有工作人進行對話時要培養的基本能力。

例如,負責行銷、業務職務的人,在對外提案、應對客戶時,就需要掌握顯性的話語、文字,以及客戶透過這些顯性的話語、文字,要表達內含的弦外之音、言外之意。

至於客服人員在處理客訴時,則需要掌握外顯的環境氛圍和顧客表情,以及顧客透過表情要表達的情緒、心理距離。例如:

- 客戶此刻是焦慮還是興奮?安全感夠嗎?
  ➡ **情緒感覺**
- 你覺得和客戶很親近,對方是否也如此?
  ➡ **心理距離**
- 顧客說的是 A,其實想表達的是 B?
  ➡ **弦外之音**

　　也因此,讀空氣的能力並不等於單純的溝通力!而是以溝通力為基礎,結合觀／觀察(Observe)、問／提問(Ask)、聽／聆聽(Listen)、說／表達(Express)的「**綜合實力**」。甚至可以說,讀空氣也是一種懂得在不同情境和氛圍下,判讀利害關係的商業素養。

　　高階主管要尋找懂得「讀空氣」的人才,這意味著他們需要的工作伙伴,不僅得具備溝通的能力,更是要懂得藉由溝通力擴展與維繫人脈,進而獲得更多的業務機會。

「閱讀空氣」溝通 4 模組

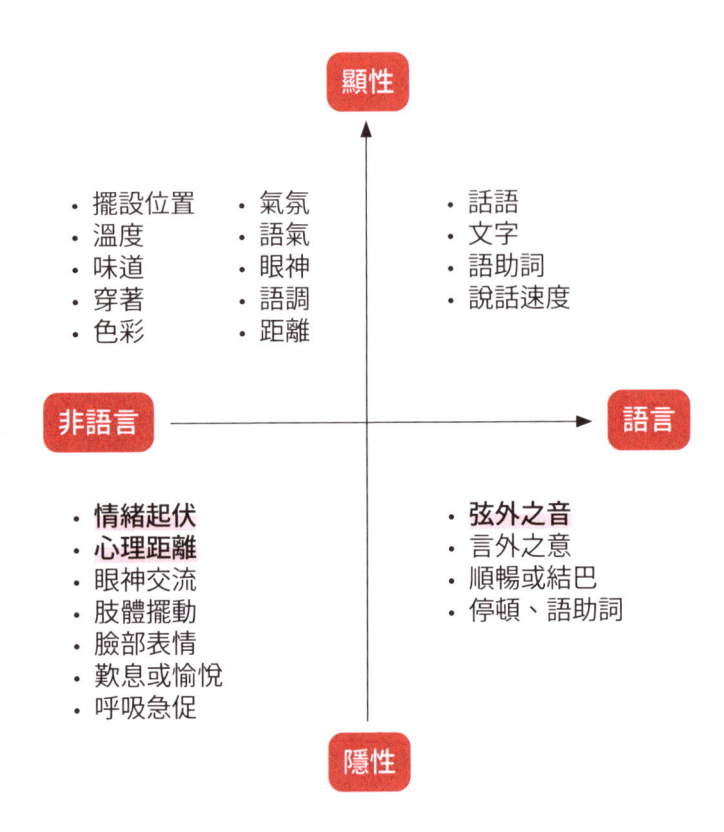

顯性

- 擺設位置
- 溫度
- 味道
- 穿著
- 色彩

- 氣氛
- 語氣
- 眼神
- 語調
- 距離

- 話語
- 文字
- 語助詞
- 說話速度

非語言 ←——————————→ **語言**

- **情緒起伏**
- **心理距離**
- 眼神交流
- 肢體擺動
- 臉部表情
- 歎息或愉悅
- 呼吸急促

- **弦外之音**
- 言外之意
- 順暢或結巴
- 停頓、語助詞

隱性

讀空氣是一種綜合實力

我年輕的時候,每當用心準備一份提案到客戶的面前時,總是覺得自己的提案寫得既用心又好,就一口氣從頭到尾仔細報告,捨不得停下,過程中沒有適度請客戶回覆意見。這樣趕高鐵似的報告方式,失敗率不低,因此,我才會開始思考如何有效提升簡報成功機率。

十五年前,我曾處理過一起國際知名品牌的重大公關危機。這是一場 CNN 曾報導過的世界級危機事件。起初,國際知名品牌的台灣團隊嘗試自行處理,沒想到過了一週還是不能滅火,負面輿論也仍然無法平息。為此,亞太總裁親自帶了一整組人馬直接飛來台灣接手處理,就在此時我們公司也接獲「盡速」提出危機處理方案的客戶需求,並訂定兩天後就要正式提案比稿。

經過四十八小時沒日沒夜地沙盤推演,我們的團隊抵達提案現場。那是一間巨大的會議室,現場約有三、四十位穿著黑西裝、神色嚴肅的外籍人士,再加上空調異常冰冷,讓氣氛更顯沉重。

┃ 讀空氣的人才 ┃

具備「溝通力」,更懂得藉由溝通力
「擴展與維繫人脈」,獲得「更多業務機會」。

在這麼「肅殺」的情境下，我站在會議室門口開始觀察，發現有些人坐著、有些人是站著，但有一群人包圍著一個人正在討論，我心想，這位很有可能就是素未謀面的亞太區老闆。

於是，我主動遞出名片並簡單自我介紹：

「你好，我是奧美的謝馨慧，很高興有機會帶我的團隊來跟各位報告，接下來我們可以怎麼協助這個案子，希望等下能夠聆聽你的意見……」

「好，沒問題。」對方制式禮貌性地回覆，然後他就沒有理我了，繼續跟他的團隊熱烈討論。

我坐回提案報告的位置上，快速觀察眼前這群人的眼神跟表情，確定現場與會人士的權力組織與決策結構後，也確認了這個會議是由亞太區團隊主導，而不是台灣團隊。

提案時間只有二十分鐘，但在我正式開場時，卻沒有直接開始報告簡報的內容，而是先面向亞太區 CEO 詢問他：「之前沒機會見到您，也沒對過焦，深怕浪費您們的時間，我想請問您最想知道的三件事是什麼？」

原本低頭沉思的亞太區 CEO 抬起頭、睜大眼睛望向我，嘆了口氣後，說出了讓他寢不能寐的三個問題。

聽完客戶內心的焦慮後，我立刻調整簡報順序，直接快速先講述對他有幫助的部分，整個提案和 QA 過程

閱讀空氣 4 循環

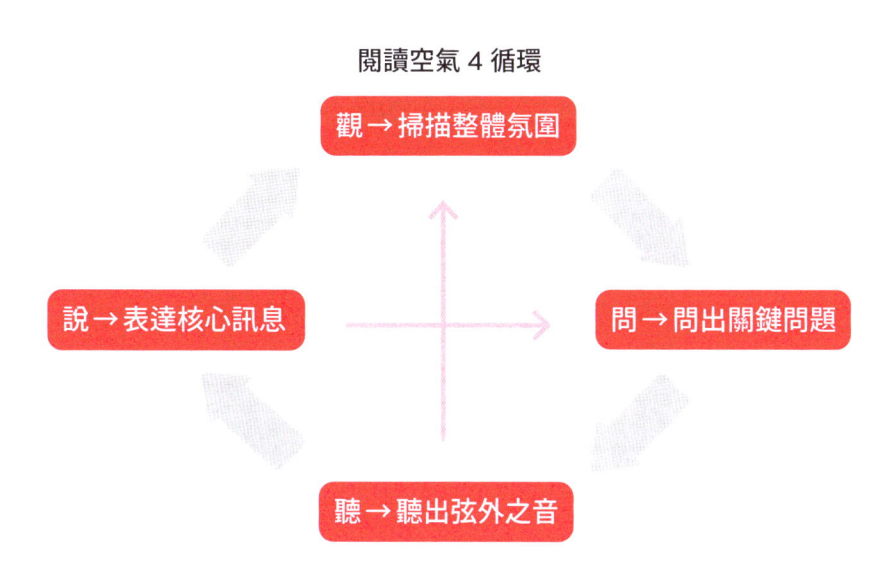

- 觀 → 掃描整體氛圍
- 問 → 問出關鍵問題
- 聽 → 聽出弦外之音
- 說 → 表達核心訊息

都進行得又快又準。那次提案，兩個競爭對手都是國際上屬一屬二的商業顧問公司，而當天下午我們就接到通知：案子拿下了。接著就是長達半年以上具挑戰、但能學習歷練的危機處理歲月，最終更獲得往後十年的長期合約。

運用 4 大能力閱讀空氣

那次提案的成功關鍵，是我運用了閱讀空氣的四大能力：

1. **觀察**（Observe）：察言觀色，掃描整個場域的人、事、物、溫度、表情與權力結構。

2. **提問**（Ask）：多數人習慣先說自己準備了什麼，而我反其道而行，先問對方：「你在意的是什麼？」讓對方最在意的事項或重點，成為我的提案重心。

3. **聆聽**（Listen）：從對方的答案中，聽出對方的弦外之音與核心關注點。

4. **表達**（Express）：調整提案的內容與順序，用專業的語言與方式立即回應對方真正想要知道的，讓對話更具成效。然後再好好說你想說的、更加分的部分。

事實上，這四種能力不見得要依序進行，而是循環式的。例如透過觀察環境，也可能「聽到」對方的興趣與焦點；透過問出對的問題，也能快速引出回應，產生關鍵對話。這就像是學武功或學做菜，一開始我們需要依照步驟來執行，但熟練後就能靈活運用，隨時調整。

回到剛剛國際品牌提案會議的現場，我在閱讀空氣時運用的是薩提爾的「冰山理論」（Satir's Iceberg Model）——冰山上面是顯性的語言與行為，例如現場聽到的話、看到的肢體語言；但更重要的是，冰山下面的是隱性情緒、需求、期待。例如：

- 我注意到會議室冷氣很冷，人們的背是縮起來的，我讀到的訊息 ➡ **現場壓力大**
- 亞太區 CEO 在自我介紹後不看我，只專注與同仁對話，我讀到的訊息 ➡ **決策者的情緒很緊繃，而我也不是那麼重要**
- 當我提問後，亞太區 CEO 輕輕嘆了一口氣。如果不是很關注他反應的人，還真不容易察覺出來，我讀到的訊息 ➡ **顯露出他的壓力疲憊與焦慮**

要找出藏在冰山下的非語言隱性訊號，要像雷達那樣掃描，從語氣、眼神、嘆息、站位，甚至空調溫度中，察覺對方語言和對話外的細節，就像是拆解空氣中肉眼看不見的分子一樣。以上述三個冰山下的訊號來看：
- 會議室的心理溫度：是隱性的非語言訊號
- 決策者的情緒緊繃：是隱性的非語言訊號
- 詢問三件事為開場：是顯性的語言訊號

由此我才判斷出，對方需要的不是鉅細靡遺的提案報告，而是可以解決問題的立即援助。讀空氣的訣竅在於，「**不是聽到話，而是聽懂話**」！如何從各種訊號中判讀，聽出弦外之音，首先要學會問對問題，並引導對方說出關鍵訊息，這是接下來練習閱讀空氣的下一步。

> 你可以這樣練習

學會讀空氣，試著這樣觀察

如果你遇到：剛完成一場簡報，自覺表現不錯，但主管沒有任何評語，會議室裡一片寂靜……

這時候你要檢視：
❶ 這個情境可能出現哪些隱性訊號？
❷ 你會怎麼補救或澄清？

提示觀察點：
- 「氣氛變冷」可能代表哪種情緒？
  （失望、不解、生氣……）
- 你是否有忽略了某些團隊焦點或觸碰到忌諱？

- 擺設位置
- 溫度
- 味道
- 穿著
- 色彩

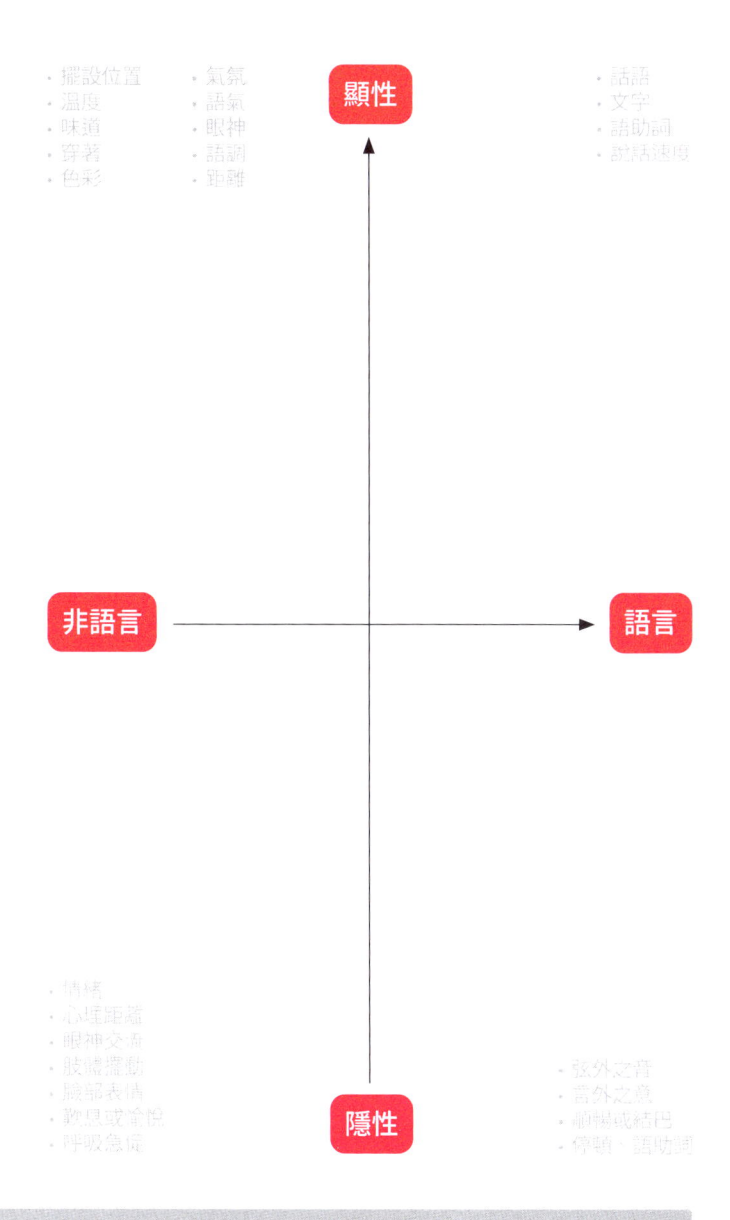

- 氣氛
- 語氣
- 眼神
- 語調
- 距離

顯性

- 話語
- 文字
- 語助詞
- 說話速度

非語言 ──────→ **語言**

- 情緒
- 心理距離
- 眼神交流
- 肢體擺動
- 臉部表情
- 歎息或強悅
- 呼吸急促

- 弦外之音
- 言外之意
- 俚語或結巴
- 停頓、語助詞

隱性

Chapter 2

好提問法則──
有效溝通，引出關鍵訊息

會聽話的人，是溝通好手；
能聽懂沒說出來的話，是溝通高手。

到茶水間裡沖杯咖啡，是許多人開啟一天工作的重要儀式。茶水間裡同事們陸續經過，互道聲早，主管也出現了。但他看到你，開口說的不是「早安」，而是「你進度落後了，為什麼？」

「等下來找我，過一下進度！」主管倒完了他的咖啡，迅速離開，只剩下一大早就被靈魂拷問的你，用顫抖雙手握住手中的杯子，避免咖啡濺出來！

提問的底層邏輯

- ⚠ 資訊不足
- ☎ 蒐集資訊
- ♻ 有助判斷
- ♥ 避免隔閡

　　一大早過進度,這件事當然比咖啡還醒腦。此時,你腦中應該開啟了「問答小劇場」,快速推演老闆可能會問你的問題,你該如何回答?是不是該把工作遇到的困難與問題也一併提出呢?又該怎麼表達才不會讓老闆認為你不是推諉責任呢?

　　其實在工作上,面對主管、團隊成員、其他部門的同事,怎麼問?怎麼答?都需要有技巧地運用 CI 溝通智能,才能夠達成有效率的對話,達成工作目標。

好問題有助於建立信任

　　為什麼「提問」在工作場域中很重要?提問的動機不外乎是想要得到答案,同時在提出問題時也建構了尋

3 種 NG 提問

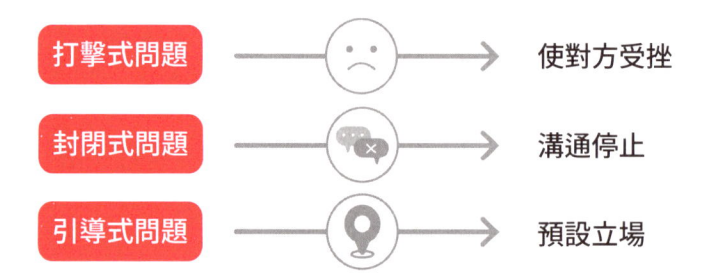

打擊式問題	→ ☹ →	使對方受挫
封閉式問題	→ 💬 →	溝通停止
引導式問題	→ 📍 →	預設立場

找答案的底層邏輯。首先，提問有助於蒐集事實與情報，是釐清資訊、輔助決策的關鍵。其次，提問能夠避免錯誤假設，訊息不對稱造成的溝通失誤。許多錯誤決策往往來自於「以為自己知道」，這時候問對問題就能補齊認知落差。

最後，在提問過程中可能早就有答案了，此時問出問題是表示關心、願意聆聽，並傳遞興趣與尊重，有助於建立彼此之間的信任。因此問出好問題，在主管眼中，不只是代表你有表達能力，還代表了你對工作的**投入度、理解力**與思考力，讓人覺得你是「有腦的人」。

最常發生「問問題」的工作場景是在會議上，不論是一對一或是多人會議。會議中場或結束時，會議主持人說：「針對今天的會議內容，有沒有問題呢？」這時

候表達靜默未必是好事。

其實，老闆有些時候在開會時，會好好地觀察每一位伙伴，觀察什麼呢？除了你說什麼之外，他更在意的事情是「有沒有喜歡問問題的人？而且問的最好是一個好問題」。

懂得問出好問題的人，很容易被老闆默默標記，被認為是可以多觀察有沒有機會培養並賦予重任的伙伴，也是職場中更容易升遷的潛力股。

鼓勵式＋開放式提問

先回溯到茶水間的場景，同樣身為老闆，我不建議向伙伴提問時，一開口就採取「直球對決」。因為這種打擊式問法，往往會讓被問的同事產生負面厭惡、恐懼、焦慮，進而開始辯解、防衛，甚至造成溝通中斷。

其實老闆之所以提問，和被問者的立場是一致的，目標都是為了「完成工作」。所以比較好的做法是主管請伙伴說明原因，提出解決之道，讓專案如期完成。以關心同事的工作進度為例，主管該如何問對問題，不但能夠得到想要知道答案，還有助於進度順利達成呢？

方法1：鼓勵式問法，代替打擊式追問

追問工作進度時，我自己的提問開場白會是：「這個案子目前你感覺怎麼樣？進度如何？」

或許有人會認為「感覺」這兩個字不夠精準，但我認為第一個問題必須先顧及被問者的感受。先以「他的感覺」為主體，讓他覺得被重視，有意願接續有更多的對話，而不是被問者感受到被責備，因此產生防衛、想要逃避，甚至拒絕對話。

當第二個問題直接提到「進度」時，就是在啟動他的思考，提醒伙伴們對手上案子的責任感。

方法2：開放式提問，代替封閉式問題

當被問者覺得自己的感覺被重視時，可以先讓他表述在這項工作中肯定自己的部分，主管再接著問：

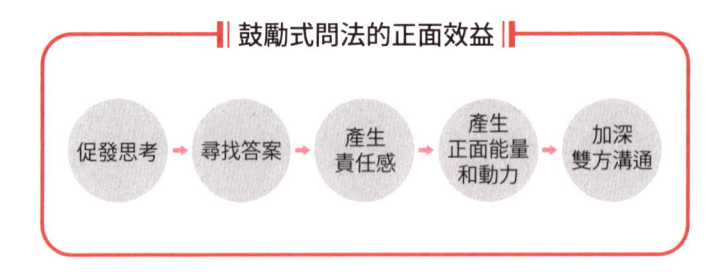

┃鼓勵式問法的正面效益┃

促發思考 → 尋找答案 → 產生責任感 → 產生正面能量和動力 → 加深雙方溝通

開放式提問	封閉式提問
・如何解決 ・有什麼看法 ・嘗試哪些方法 ・我們可以怎麼做	YES 和 NO

◎ 多用 WHAT IF（假如……會怎樣）的問句

「為什麼進度會 delay 呢？可以告訴我原因嗎？」

「我們可以如何做，讓它不 delay，你需要什麼幫忙跟協助嗎？」

這些問題等於是開闢一個主導空間給對方，還是把掌控專案進度的權力「授權」給伙伴，讓他能如期「ON」在專案中。

在運用開放式提問時，有一個非常實用的提問架構，就是五個 W、一個 H：

WHO、WHAT、WHEN、WHERE、WHY、HOW

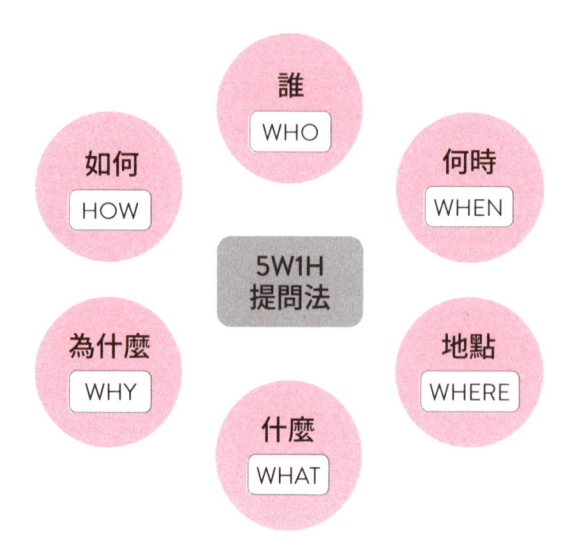

```
         誰
        WHO
  如何          何時
  HOW          WHEN
       5W1H
       提問法
  為什麼         地點
  WHY          WHERE
         什麼
        WHAT
```

運用 5W1H 架構,就可以有效提出具體、有建設性的問題。

5W1H 開啟有效溝通

WHY:為什麼這件事這麼重要?因為這是你負責的最大客戶,甚至關係到我們今年一半的收入來源。我們沒有選擇,這件事非完成不可。

WHO：這是誰的問題？是客戶的問題嗎？作為服務者，目的是協助他們解決。

WHEN：這件事有時間限制嗎？是的，它必須在三個月內完成，這是一個清楚明確的時程目標。

WHERE：在哪裡完成？是在哪個部門、哪個地區，需要達成什麼樣的進度？

WHAT：事情的本質是什麼？出了什麼問題？還是目前並沒有出現明顯問題？你能不能跟我分享目前的進度？我們允許、也期待你主動回報案子的最新狀況。

HOW：那我們可以怎麼一起完成這件事？這就是進一步討論、協作的開端。

除了「5W1H」的提問技巧外，想要提升 CI 溝通智能，開啟更進階、更具策略性的對話架構，可以使用常被應用在教練式領導、專案管理，以及團隊發展中的 GROW 模型。

GROW 模型由四個步驟組成：

G—Goal（目標）：先釐清這案子最終要達到什麼？目標是什麼？這不只是方向，也是後續對話的依據。

➡ 先明確設定目標，也就是「以終為始」

GROW 對話模式

Goal
目標

Reality
事實

Option
選項

Way to move forward
向前進

資料來源：ICF 教練核心能力模型

　　R—Reality（現況）：了解現況、釐清現實情境，包括完成了哪些部分？有哪些進展？又有哪些困難？
➡ 幫助對方客觀評估目前的處境

　　O—Options（選項）：鼓勵對方開放心態、跳脫框架，思考所有可能的解法。例如「如果預算不是問題，你會怎麼做？」「能不能找外包廠商？」「有沒有你沒想過的方式？」
➡ 這個階段的關鍵是啟發創意，探索多元路徑

W—Way Forward（**行動方案**）：最後是從各種可能性中選出可行的路徑，制定具體的執行計劃。包括：要怎麼做、什麼時候做、誰來負責、需要哪些資源。這就像選擇交通工具：你是要搭高鐵？坐火車？開車？

➡ 重點是無論用什麼樣的方式，目標是「一定要抵達」。

GROW 制定行動計劃

想把茶水間的靈魂拷問：「你進度落後了，為什麼？」變成會議室中可以達成工作目標的會議討論，就可以運用 GROW 模型與團隊溝通：

首先，**重申目標**：「你理解這個案子需要在三個月內完成，並達成指定的 KPI 嗎？」

當雙方對目標達成共識後，就進入**事實分析**：「目前完成了什麼？客戶對哪些部分滿意？哪個部分延誤？原因是什麼？」

接著，我們鼓勵他**思考選項**：「如果沒有預算壓力，你會怎麼處理這個問題？有哪些創新的做法？一定要是你做嗎？還是可以找別的部門、外部資源？」

最後，再回到**具體行動**：「基於我們討論出來的選項，你覺得接下來該怎麼走？什麼時間點、誰來做、怎麼做，才可以讓我們回到正軌？」

運用 GROW 對話流程幫助對方釐清目標、掌握現況、開展可能性，並制定實際的行動計劃。不只是討論，更是**啟發、陪伴與共創**。

別忘了同理心

「具體明確」（be specific）是問問題時的關鍵原則。你提出的問題愈具體、愈清楚，對方就愈能精準地接住你拋出的球，並用正確的方式回應你；給出充足且具有建設性的資訊，也同時幫助對方聚焦資訊與確認責任歸屬。

此外，還有幾點提醒：

1. 給對方思考的時間
不要急著填補沉默，建設性的沉默其實是深度思考的開始。當你拋出一個問題時，要允許對方有時間醞釀與思考，等他準備好再回應。

2. 尊重對方不回答的自由

如果對方一時沒有答案,也沒關係。你可以說:「這個問題你需要想一下,我們約個時間再談,好嗎?」這不只是給對方空間,更是建立信任與心理安全的重要過程。

3. 鼓勵自主決策與承擔

提問者的角色不是給答案,而是透過提問與陪伴幫助對方釐清思緒,找到屬於自己的解決方案。當一個人能自己定義問題、思考選項及下決定,他會更有動力與責任感去完成任務。

當我們結合**同理心、開放態度與有效提問**,不但能幫助對方找到解法,更能帶動團隊的主動性與責任感,進而實現真正有建設性的溝通與合作。

Chapter 3

聽懂話裡有話──
掌握弦外之音的溝通技術

聽到別人說什麼容易,困難的是讀到他沒說的隱藏訊息。

學會閱讀空氣,「觀察」讓我們運用察言觀色洞悉氛圍;「提問」幫助我們開啟對話、掌握對方真正關注的焦點。接下來的「聽」與「說」,不只是「聽到」,而是「聽懂」;不只是「聽懂」,更是「聽出弦外之音」。

聆聽對方真正的想法過後,傳遞訊息時也不只是開口說話,而是說出關鍵訊息,這才是學習 CI 溝通智能的核心能力。

在我多年公關工作中,「表達」是很重要的能力。尤其是在簡報和提案時,往往以為唱作俱佳、說好說滿,就能夠說服客戶,拿到案子。但提案有時難免會失敗,事後檢討總以為是自己和團隊準備不足,也督促自己和團隊下次提案時,應該要準備得更豐富、更充分。

直到有一次,我和團隊熬了好幾天,準備了一百頁簡報,並且多次事前演練,控制提案在六十分鐘內講完,證明自己、證明公司、證明方案的好處⋯⋯講完後,客戶淡淡地說:「謝小姐,今天你提的,跟我們想的不太一樣。」當下我才發現──不是自己準備不夠,而是我沒有提供他真正需要的解決方案。

當覺察到對方回應「你提的跟我們想的不一樣」時,最好的應對方式就是「無我」。這裡的無我,不是佛教義理,而是放下自我中心,因為真正的傾聽,是**放下自己的立場與成就感,將焦點轉向對方**,理解對方的目標為優先目標;理解對方在意的 KPI,讓對方感受到:「你想的是我在意的,你關心的是我關心的」,就能打開對話的門,建立彼此的信任第一步。

挖掘冰山下的聲音

同樣的失敗經驗,也經常出現在我們的內部工作討

論中,年輕同事會跟我反應:「我做了一個 30 頁的提案,客戶只說了一句『不是我要的』就丟回來。讓我覺得很難過,也不被重視⋯⋯」

其實,對方的回應只是顯而易見的表面,但這些回應中的「言外之意」,你接收到了嗎?當這些失敗的經驗一再發生時,其實都在提醒我們在進行溝通時,往往把時間花在「說」,卻忽略了「聽」。

我們常說「言外之意」,其實說的是「冰山下」的內容。以簡報被打回票為例,你認為客戶說的是「我不要你的 idea」,但如果繼續追問下去,背後的訊息很有可能是:

1. 你的提案與他的期待沒有對到焦
2. 你的提案沒讓他接收到可以解決他問題的方法

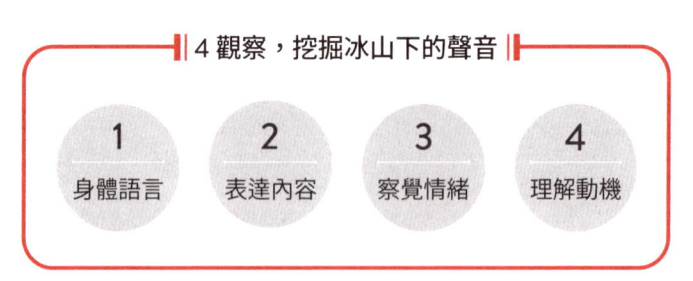

| 4 觀察,挖掘冰山下的聲音 |

| 1 身體語言 | 2 表達內容 | 3 察覺情緒 | 4 理解動機 |

資料來源:ICF 教練核心能力模型

其實,他在這段互動關係中,也和你一樣感到挫折與無力。因此,要記得聽懂「冰山下聲音」的價值,目的是提升溝通品質,畢竟這是他不要你 idea 的根本原因。

「聽懂」冰山下的聲音,不只是處理語言的表層訊息,更要讀懂對方的表情、語氣、眼神,與沉默之間的暗示。在簡報現場,如果看到客戶眼神飄忽、身體後傾、雙手交叉,甚至低頭滑手機,即使他沒說話,但身體語言已發出訊號:「我沒興趣。」

這時你就應該停下來,問一句:「不好意思,我這樣講您還可以接受嗎?有沒有什麼是您更想知道的?」這一問,不只是把客戶的注意力拉回現場,更讓你展現出對於對方的尊重與關注。

關鍵訊息不超過 3 個

「聽懂」的另一個重要能力,是接收到「**關鍵訊息**」。無論是你要聽懂對方的意思,或希望對方能聽懂你要表達的,都需要讓你自己或對方聽到關鍵訊息,雙方才能精準對話。只不過,這樣的場景往往發生在有些難以啟齒的時候,例如年終人事考核時,你明明有表達的權利,卻不知道該如何和老闆談升職加薪的需求。

有個工作三年的同事,主動和我約了一小時的會議

時間,說想和我聊聊。我很欣賞主動積極的人,心裡大概猜到他想找我聊什麼,於是就從鼓勵式、開放式的提問準備和他對話。

一進會議室,他就開始述說:「最近家裡的孩子還小、媽媽身體也不好……其實我在工作上另外開發了其他單位的合作,也向去年沒有提案成功的公司詢問了今年有沒有機會再讓我們試試……」我耐心地聽他講了一段時間,眼見後面會議時間逼近,始終沒聽到他開口說出正題。

直到最後五分鐘,他終於說出:「我想談談,我在這家公司還有什麼樣的發展機會。」於是,我只好改變溝通架構,先肯定他在工作上的努力與表現,進而運用開放式問題,引導他說出想談升職的動機。

當你希望把一件事說清楚、讓對方「聽懂」時,有一個原則非常重要:**訊息不宜超過三個**。

因為人的大腦在短時間內只能有效記住有限的資訊,尤其是對日理萬機的老闆或客戶時,如果對方只有五分鐘聽你說話,而你無法聚焦時,想要輸出的訊息就很容易散亂,甚至讓人無法抓到重點。所以,在你開口之前,可以利用訊息屋(Message House)模型來輸出關鍵訊息,建立有效的聚焦溝通架構。

運用「訊息屋」聚焦訊息

首先,請想像你的想法如同一團亂麻,一大堆想說的話、想表達的重點交織在一起,不知從何說起。這時,借助訊息屋的主要結構,將散亂的想法整理成一座可以住進去的「邏輯建築」。

訊息屋的結構主要包括了以下元素:

1. **屋頂**:你的溝通目標
   ➡ 你希望對方聽完這段話後,記住什麼?願意採取什麼行動?
2. **三根柱子**:三個關鍵訊息
   ➡ 不多不少,最多三個
3. **每根柱子的基座**:對應的事例、數據或佐證
   ➡ 讓你的話更具說服力

試想,你想要在年底時與老闆談明年升任「經理」的可能性,那麼你可以嘗試列出下列架構來構建這個會談的訊息屋:

溝通目標(屋頂):希望明年三月升任經理
訊息 1(第一根柱子):回顧過去績效,展現成就
「過去一年我完成了哪些重要專案、服務哪些關鍵

溝通訊息屋

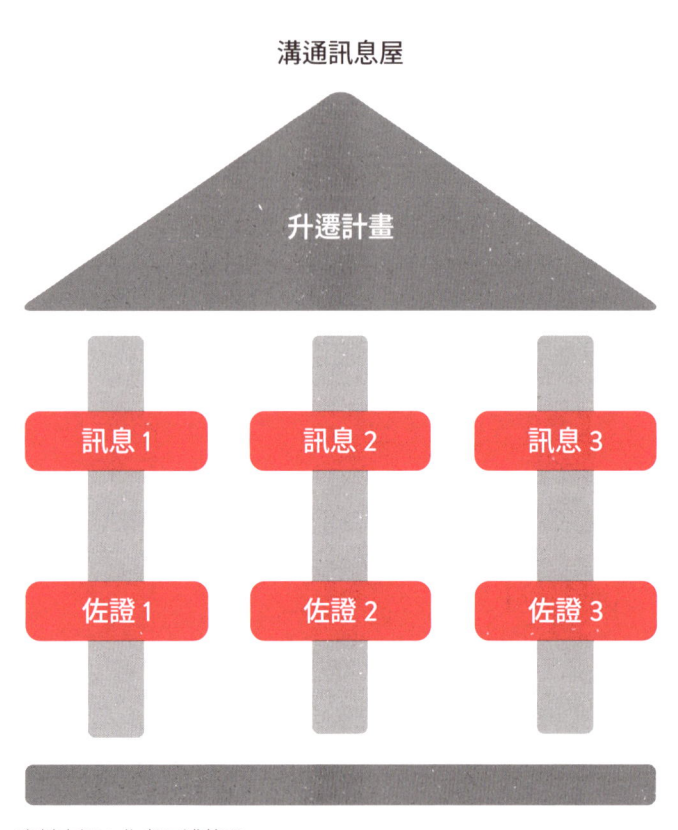

```
         升遷計畫

  訊息1    訊息2    訊息3

  佐證1    佐證2    佐證3
```

資料來源：作者口述整理

客戶、創造多少業績或營收，我想讓您清楚了解，我在目前職位上已達到什麼樣的成果。」

➡ 別忘了，要提供補充佐證，例如具體業績數字、成功案例、客戶回饋。

訊息 2（第二根柱子）：說明個人目標與職涯期待

「我希望能夠在明年某個時間點晉升經理。我認為自己已經具備了部分管理能力，也渴望有機會承擔更多責任，貢獻更大的影響力。」

➡ **請說明自己已具備哪些能力，還需要哪些學習或歷練。**

訊息 3（第三根柱子）：說明行動計劃與所需支持

「為了成為一位稱職的總監，我規劃接下來三個月內完成內部主管訓練，並主動接手跨部門協作專案。也希望公司能協助我安排 mentor 制度，或給我更多挑戰性任務。」

➡ **這時候，如果能對自己設定的目標提供具體時程、資源需求、預期成果，將會更有說服力。**

當你把腎上腺素開到最大，自信滿分地向老闆攤開你的訊息屋時，別忘了在 CI 溝通智能中，很重要的是要給對方空間，因此你可以主動邀請對方給你回饋。

你可以這樣說：「老闆，這是我初步的想法，很希望聽聽您的看法。您覺得我這樣的目標合理嗎？或者有什麼地方我還可以再加強？」這樣才能啟動雙方良性對話的關鍵。

聽懂的「2不2要」原則

國際教練聯盟對「積極聆聽」（Active Listening）的定義是：「一種完全專注的狀態，不只聽對方說了什麼，也聽他還沒說的、沒說出口的話，進而理解他所傳達的真實意圖，並支持他的自我表達。」

成功的溝通，不僅是單向傳遞，而是雙向共創，邀請對方一起參與你的成長藍圖。真正做到「聽懂」，要掌握「二不二要」：

1. **不要有預設立場**：當你心裡覺得「他就是不想做事」、「他就是在找藉口」，你的對話品質就已經打了折扣。

2. **不批評、不評價**：對方不是來討你歡心，也不是來滿足你的期待。你是聆聽者，不是裁判。

3. **要鼓勵表達、給予安全感**：如果對方不敢說，或者說一半就被打斷，你就永遠聽不到真正的問題。

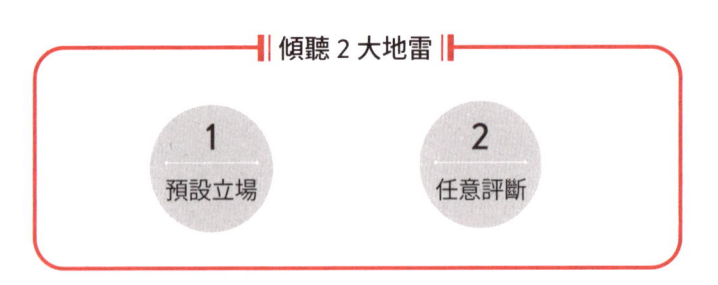

┃傾聽 2 大地雷┃

1
預設立場

2
任意評斷

4. **要聽出關鍵人物與背後邏輯**：當客戶說：「我老闆很重視這件事。」你聽懂了嗎？重點不只是他本人,而是他的「背後靈」——他的老闆。所以此時你該問的是:「那你老闆最在意的是什麼?」

職場中最常見的情況是,老闆因為過去的成功經驗而有自己強烈的主觀意識,這很正常。此時你要做的不是硬碰硬,而是:

❶ 先肯定他的經驗
❷ 再提出「我還有個補充想法,您想聽聽看嗎?」
❸ 選擇他喜歡的接收方式（口說、簡報、資料）
❹ 永遠以「老闆的目標」為你行動的出發點

請記得,老闆耳朵可能很硬,但心可能是軟的。只要你找到對的方式切入,就能讓他聽見,甚至接納你的建議。

┃ 真正的「聽懂」┃

成功的溝通,
不僅是單向傳遞,而是雙向共創。

> 你可以這樣練習

運用訊息屋,建構會談目標

練習1:
　　請以右方的「訊息屋」模型,撰寫你下一次工作簡報的三個重點訊息。

練習2:
　　挑選一件重要的個人溝通場景(如升職、轉調、爭取資源),設計一段三分鐘的講稿,包含清楚的目標、三則訊息與一個具體例子。

升遷計畫

訊息1	訊息2	訊息3

佐證1	佐證2	佐證3

Chapter 4

說服心理學──
讓對方點頭的入戲技巧

說服的基礎不是話術,而是理解對方的邏輯;
說服的目的不是勝負,而是希望大家一起好。

在拍攝團體照時,有的人身型嬌小如無尾熊,有的人天生高個如長頸鹿,要如何讓身形不同的一群人,都能夠清楚地露出頭臉,構成一張和諧好看的團體照呢?

這時候,會需要聽從攝影師的口令指揮──有的人可能要往前移、有的人要往後站,大家各自挪移步伐與位置,才能拍出一張好的團體照。但是在拍照過程中,如果有人堅持不肯挪動呢?很可能會造成現場氣氛僵持,引起語言衝突,不僅卡住整個拍照流程,甚至浪費

了參與者的時間。這時候,攝影師的「說服能力」就成了關鍵,好的攝影師除了自己的專業能力之外,也必須懂得以說服的方式進行多向溝通,才能順利完成拍照。

需要用「說服」來化解僵局、完成工作,這在職場中隨處可見,尤其是在例行工作會議裡,常會聽到:

業務主管:老闆,您上次建議去開發的A客戶,我們訪視和報價後,覺得執行難度高,對方預算只有500萬元,評估後覺得利潤很少,是否可以放棄呢?

老闆:不行。

業務主管:我覺得不能做⋯⋯

老闆:那是你覺得⋯⋯

現場陷入一片沉默,對話陷入僵局。

相信看到這裡的你,應該可以讀到這種「沉默」的空氣所代表的意涵了。此時,如果其中任何一方帶著情緒接續討論,很可能是無法達成共識,甚至不歡而散。在這種情況下,「說服」的技巧就扮演了關鍵角色。

說服的第一步:入戲

上述對話場景中,老闆希望員工能聽命於他,但員工想說服老闆,這時候請先記得,「**說服不是爭輸贏,**

「入戲」創造溝通力道

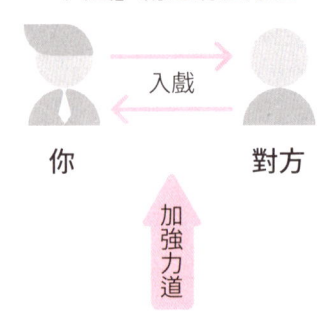

你 ←入戲→ 對方

加強力道

- 👍 在對方立場思考
- 👍 避免插話
- 👍 鼓勵對方表達
- 👍 給予好的反應
- 👍 專注於對方
- 👍 全心全意聆聽

更多時候是關於理解。」這時候的說服,並不是將我們的邏輯強加給對方,而是要從「破框思考」著手,從對方的語境與思維中找出可行的說法與方式。這就如同英文諺語所說的「in his shoes」(穿他的鞋子),其實就是換位思考,在我心中更傳神的譯法是「入戲」。

說服的第一步,是能夠「in his shoes」——跳脫自己的思考慣性,站在對方的位置上思考。這不僅是一種理性的角色轉換,更是一種情緒與理解上的「入戲」。

「入戲」的感覺是什麼?當我們追劇時,總有一些角色特別觸動人心,例如當孔劉飾演的角色在戲裡帥氣又深情款款時,不少女性觀眾會忍不住自稱「孔太

太」。為什麼？因為她們把自己代入女主角的位置，感受她的喜怒哀樂，彷彿親身經歷過一樣，這就是入戲的感覺。當你和對方的意見不一致時，也要試著「入戲」：站在對方角度看事情。

回到上述的會議場景，當業務主管能夠理解老闆強烈要求開發 A 客戶的用意，是因為要「補齊 500 萬的業績缺口」，這時候就可以重新提議：

「我理解您想補足這 500 萬，但如果我能夠從 B 和 C 這兩個客戶分別帶回一半業績，我們是不是也能達成同樣的目標？」這樣的提問，既讓老闆覺得被理解，也提供了替代方案，彼此的關係更可能朝向合作而非對抗。

說服的 4 大驅動力：利、理、情、威

有效的說服，從來不是「把話說清楚」而已，更關鍵的是要說進對方心裡。當你全心全意地聆聽後，理解對方跟你意見不同的地方，或是願意說出心裡面真正的擔憂後，接下來就能對症下藥——從理解對方的顧慮與立場出發，找出因人而異的驅動力，進而達成共識。以下四種是常見的說服策略：

1. 誘之以利：從對價關係切入

當對方在意的是「付出與回報是否成正比」，那說服的方向就必須落實在實質利益上。例如：如果年底業績衝刺，老闆要求同仁們增加工時，或承接額外任務，但受到員工們反彈。那麼，身為人資主管的你，可以開啟這樣的對話：「如果我們能以加班費或補假方式來補償同仁們額外的投入，同仁是否就更能接受安排？」

這並不是單方面的要求，而是一種基於勞資合作優先完成任務的邀請。當員工們感受到「自己的努力會有合理回報」，說服成功的可能性自然大增。

2. 說之以理：邏輯與目標的對齊

如果雙方的分歧不在於利益，而是在價值與邏輯的不同，那麼說服的關鍵就在於「釐清目的，整合觀點」。這就像是一場旅行，有人著重於文化探索，規劃了博物館行程；另一人則關心美食與休閒，希望走訪當地市集。若兩方一味地互相否定，只會形成對立。

如果提出：「我們能否在每一站的主題博物館附近，也安排一間特色餐廳？」這種整合式的思維，便是理性地說之以理，用道理來建立共識，而不是用道理去碾壓對方的選擇。

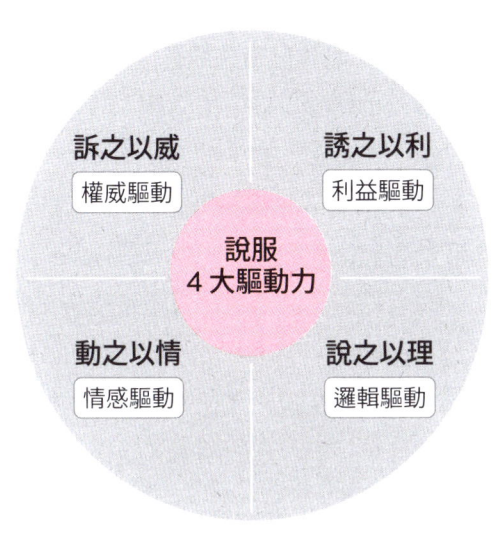

```
         訴之以威              誘之以利
         權威驅動              利益驅動
                  說服
                4大驅動力
         動之以情              說之以理
         情感驅動              邏輯驅動
```

3. 動之以情：從關係的溫度建立信任

有些情境下，成功說服並非靠數據或分析，而是情感流動，尤其在長期共事、彼此信任的基礎上，靠的就是「交情」。那種在關鍵時刻「你挺我，我挺你」的默契，往往比千言萬語更具說服力。例如，你可以這樣說：「我知道這任務有點吃力，但你這幾年一直都很支持我，這次也拜託你，讓我們一起完成它。」

動之以情的關鍵在於，你平常是否有在人際情感銀行中「存款」，如果你從不投資關係，在關鍵時刻也就難以提款。

4. 訴之以威：制度與責任的最後底線

當利、理、情皆不足以促成合作，最終仍得訴諸制度與權責結構。要強調的是，制度和權責並非一開始要使用的手段，而是最後底線。例如，「這項任務是主管交辦的，我們得照流程執行。」或「我作為你的主管，必須確保團隊目標能達成，這件事還是要請你配合。」

這不是情緒勒索，而是基於組織角色與責任的合理要求，因為成敗是你要負的責任。不過，就算是行使權威，也要以理性、互相尊重的語氣表達決心與必要性。

說服的地雷：情緒勒索

想要說服對方，絕對不是用力地堆疊論點，而是捕捉對方的情緒，並選擇恰當的時間與方式去溝通。否則說出口的話，不但無法達成說服的目的，反而還可能造成關係的破裂。尤其當「說服」無法繼續時，「談判」才會正式登場。而當局勢轉向為雙方談判時，情勢也往往更為複雜。舉例來說，當業務主管提出 B 加 C 的方案時，老闆卻仍堅持 A 才是唯一選項，這時業務主管就需要再進一步詢問：「為什麼非得是 A 不可？」

有可能老闆心裡藏有另一層冰山下的內容，例如 A 客戶其實是公司最大客戶推薦的。所以，眼前的狀況不

只是業務選擇,更涉及人際與組織的敏感平衡。此時在會議中,運用說服技巧解決策略問題的選項已退位,談判才是找到折衷方案的起點。

不過,當我們試圖站在對方的立場上,提出分析與建議時,若語氣不夠理性、時間不對,甚至只是表達方式稍嫌強硬,都有可能被貼上「權威勒索」的標籤。

說服的目的不是勝負,而是共好

不論使用哪一種策略,說服的最終目的,從不是「誰贏了誰」,而是「我們能否一起順利完成這件事的目標」。正如那張象徵性的團隊合照,當攝影師發現有人太高、有人太矮,難以讓大家都入鏡時,他沒有強逼某一方改變姿勢,而是建議大家「都換個位置」。最後,一張完美的團體合照誕生了,因為每位團隊成員都願意為共同目標調整自己。這才是說服的真義。

| 說服破局的 3 大地雷 |

1	2	3
預設立場	心有旁鶩	錯誤回應

> 你可以這樣練習

無我式說服（in his shoes）

步驟1：當你聽完對方想法後，別急著回應，先問自己

- 我是否真的理解了他話語背後的真正關切？
- 我是否在他停頓時急著接話、急著下結論？
- 我的眼神是否真誠？是否專注地與他對話？
- 我是否在心裡對他的處境做出過快的評價？
- 我是否願意鼓勵他說更多，而不是草率中止對話？

　　這些都決定了你的「說服」是否有效，當我們確認對方的擔憂，我們才有機會「對症下藥」。

試著寫下思考內容

步驟 2：轉換語法

NG 說法	建議語法
你這樣不對！	你這樣的想法有些部分我想再了解一下，我們可以討論看看嗎？
這個我不可能答應。	我理解你的立場，我看看有沒有什麼可以爭取的空間。
這樣講太不合理了吧！	你提的這點很有意思，幫助我想到一個可能有機會解決這個問題的方法……

Chapter 5

衝突管理──
拆解溝通炸彈的情境應對

衝突是把炸彈化成推進力，
在對與對之間找到往前行進的解決方案。

每當在談達成業務目標時，常會爭執到底是要先「雇人」去找生意？還是有了生意才能找人？財務主管跟業務主管常吵得不可開交。

又或者午餐時，你找同事一起外出用餐，你想吃麵，但伙伴卻想吃披薩，兩人想吃的不同，這也是衝突。可見，在人際互動的日常生活中，「小衝突或差異產生意見不同」是無可避免的自然現象。

但為什麼我們聽到「衝突」二字，眉頭總不自覺地

緊皺呢？而且這兩個字容易讓人聯想到對立、矛盾、批判等負面情緒呢？

衝突的發生，來自於人與人之間的「不同」，想法不同、意見不同、行動方向不同。很多人以為解決衝突就是要處理「不同」，其實「不同」是個假議題，因為世界上的每個人都是獨特的，本來就不同，真正需要處理的是如何正面看待彼此的不同，面對它並處理它。

在多年職場經驗中，我認為衝突帶動的影響未必是負面的，甚至因為情緒張力引發革命、重組與烈火般的情感氛圍，會讓團隊更有動力，或是更能凝聚共識。

所以不論在職場或親友關係中，甚至是生活中的各種場景，我不會鼓勵大家一定要「避免衝突」，而是要學會「管理衝突」，進而拆解它、修復它、轉化它，讓衝突成為關係深化、團隊成長的重要轉捩點。

衝突炸彈的 3 種級數

想要讀懂衝突，我們可以把衝突比喻為炸彈，只要學會區分炸彈的三種級數，就能對症下藥：

狀態 1：未爆彈
常見的情況是，在真正做決定之前，先透過傾聽和

問答，可以知道你我想法的差異。此時創造一個安全表達的環境，讓成員間的對話放到檯面上討論，往往能及早消弭危機。

透過對話，了解歧異，引信就會被捻熄，炸彈不會被點燃。

狀態 2：即將引爆彈

當兩造已出現明顯的意見分歧，各自僵持時，衝突即將引爆之前，常見情況會是：表面答應卻不行動、明說「做不到」，或是已讀不回。

當僵持無法明確處理，會在團隊內部逐漸醞釀壓力，甚至破壞合作。這時候我的處理策略是——適當的「點燃」，讓雙方理性表達真正的想法，凸顯各自的權限與底線。這是推進彼此理解的重要關鍵。

狀態 3：已爆彈

衝突已然發生，關係可能受損。此時，關係修復變得至關重要，切記「對事不對人」，讓對方回歸理性，重新投入團隊合作，才有辦法往前進。

如果衝突已不可避免時，這時候需要讀懂衝突的型態，還記得前面提過的「冰山理論」嗎？衝突也可分為

水面上的顯性衝突，以及水面下的隱性衝突。

處理顯性衝突＆隱性衝突

簡而言之，「顯性衝突」的型態往往清楚而明確（已經開始唇槍舌劍），或是事件導向，例如任務分配、爭奪資源權利等，都是在職場中上顯而易見的衝突。

至於隱性衝突，你可能會在辦公室裡聽到「A和B不對盤」、「千萬不要讓C和D放在同一組」的耳語，意味著在這些人的互動中有無法言說的情緒，一起共事會讓空氣起化學變化，這樣的人際關係就是蘊藏了「隱性衝突」，而這類隱性衝突的根源往往是關係與感受的破裂，讓人覺得失去信任、不被尊重等。

多年的職場經驗讓我發現，如果職場上的顯性衝突處理不當，讓伙伴間心生嫌隙，積怨已久，就會埋下日後的隱性衝突，一旦衝突從檯面上轉為冰山下，就會變得極難處理，對於團隊工作更具殺傷力。

顯性衝突：以「對話」開始，從對立走向共創

所以，面對直接表達不滿、立刻嗅到煙硝味的「顯性衝突」，該如何因應呢？

前段時間，公司的國際部為了推動數位轉型，成立了全新的後台系統，導入大量科技化的線上流程。長遠來看，這對於需要跨國合作公司確實是個好消息：能夠以科學化的方式管理營運數據，提高決策效率。

　　然而，對第一線工作人員來說，這套系統卻造成了極大的負擔。例如，為了填寫一項資料，得回答十個以上的問題；為了開啟一個流程，得開無數的工作卡。

　　原本處理公務就已分秒必爭的前線人員，必須花大量時間在繁複的行政作業上，連帶影響團隊伙伴們的工作壓力直線上升，怨聲四起。於是，我們決定主動出擊，但方式不是指責，而是向資訊部門提出「對話」邀請。

對話的第一步：了解與傾聽

　　我們專心聆聽國外同仁說明他們設計這套系統的原意、進度與預期效益。不帶評價，只想理解：「這套系統的設計是為了解決什麼過去的問題？目前實施到哪一階段？未來預計如何優化？」透過這場對話，也看見其他部門沒被理解的另一種努力。

　　當彼此理解對方的立場與壓力後，下一步就是尋找可以一起調整的空間。我們詢問資訊部：「如果目前這十個步驟中，有五個就能達成大部分目的，能否先行簡化流程？讓第一線減少過度耗時的工作。」對方認真檢

面對顯性衝突 4 步驟

	Step 1	Step 2	Step 3	Step 4
	Suspend	Attend	Discover	Varify
技巧	暫停 →	參與 →	發現 →	核實
行動	找出問題 展現同理心	仔細傾聽 理解差異	打破對錯 找到解方	確保雙方 共識一致

資料來源：作者口述整理

視後，認為有三項可以刪減、兩項則需保留。我們彼此讓步，找到新的合作方式，也建立了信任。

這場對話的尾聲，是進行雙方確認（Verify）。

「這樣的做法你覺得可以嗎？如果我們定期回饋，三個月後再調整一次，你能接受嗎？」對方點頭，我們也明確承諾會提供線上使用者的回饋報告。

彼此的誤解不僅消除，國外同仁也明白這套系統對第一線同仁造成的壓力，不再認為我們是「抗拒改變」。反過來，我們也看見他們引進新的資訊系統，不是在「找麻煩」，而是真心希望改善營運流程。

至此,一場顯性衝突不但解除,還轉化為改善制度的起點。在這場顯性衝突中,可以看到前線與後台都想讓公司變得更好,只是在沒有開始對話前,彼此的善意被誤解成阻力。所以,顯性衝突的處理策略是透過:

暫停(Suspend)、**參與**(Attend)、
發現(Discover)、**核實**(Verify)

開啟「對話」,讓彼此從「對立」轉為「共同創造」,最終產出雙贏的方案。

隱性衝突:用誠意打開沉默,化解衝突後的修復過程

職場上的衝突,不見得都來勢洶洶、明刀明槍,有時會以無聲的方式存在:像是一句話的冷淡語氣、一個刻意迴避的眼神、一段本應坦誠的合作卻日益疏離,甚至在組建團隊時「爭取盟友」來對抗你,這種讓人感受到隱晦卻真實的「情緒化」對抗,就是「隱性衝突」。

我曾經有位主管級同事,過去一向負責任,進度穩定、回報準時,是我極為信任的合作伙伴。

然而不知從何時開始,他漸漸不再主動報告案子,也不再來參加原本固定的週會,僅以 Line 或 Email 替代面談。更奇怪的是,他在團隊的溝通群組中逐漸沉默,進而其他伙伴在大群組裡的發言也變少了。

處理隱性衝突 4 步驟

技巧	Step 1 Decide 決定 ➡	Step 2 Have Presence 有存在感 ➡	Step 3 Express 表達 ➡	Step 4 Confirm 確認
行動	察覺問題 搬上檯面	保持中立 保持理性	鼓勵表達 積極傾聽	再次釐清 建立共識

資料來源：作者口述整理

　　後來我就發現，為什麼工作群組裡面好安靜，那他們有沒有進度呢？詢問後才知道，原來他們的工作模式轉為以一對一私訊交辦，取代公開溝通，進度都由這位主管掌控。

　　但是對我來說，沒有公開溝通，會讓我感覺好像沒有進度，就會更緊張地來追問他執行的進度。漸漸地，整個團隊的氛圍也就變了。對我而言，他變得被動且抗拒，而我彷彿成了追著進度跑的「催狂魔」。

　　會有這種變化，無風不起浪。

我試著「入戲」，用他的立場思考，正如我也不喜歡被上司緊迫盯人一樣，他可能也覺得我的關注太過於頻繁、不夠尊重他的空間？於是我警覺到，這可能不是任務安排的問題，感覺像是人與人之間的「信任」出了問題——這正是隱性衝突的核心。

彎球策略：以非正式場合作為重新對話的起點

我沒有直接質問他，也沒有發公文式的提醒。而是選擇用「彎球」策略——從關心開始，以非正式場合作為重新對話的起點。我邀請這位主管共進午餐，不是為了例行溝通，而是創造可以坦然敞開的時間與空間。

飯局開始，我先談到工作上的進展與辛苦，也肯定他的努力。接著我輕輕地問：「最近，我們之間好像少了些互動，是不是有發生什麼事情，或是你感受到什麼，你要告訴我嗎？」我特別強調「分享感受」不代表對錯，而是情緒的真實呈現。這時我不急著說服他，而是希望了解他真正的想法。

一開始，他的回應仍客套而模糊。但我持續引導，並提出具體例子，說明我觀察到的變化，也真誠表達：「如果我過去有哪裡讓你感到壓力或不自在，請你告訴我，我真的很想理解你的狀態，也希望我們能一起把事情做好。」

直球對決 vs. 彎球對決的溝通成效

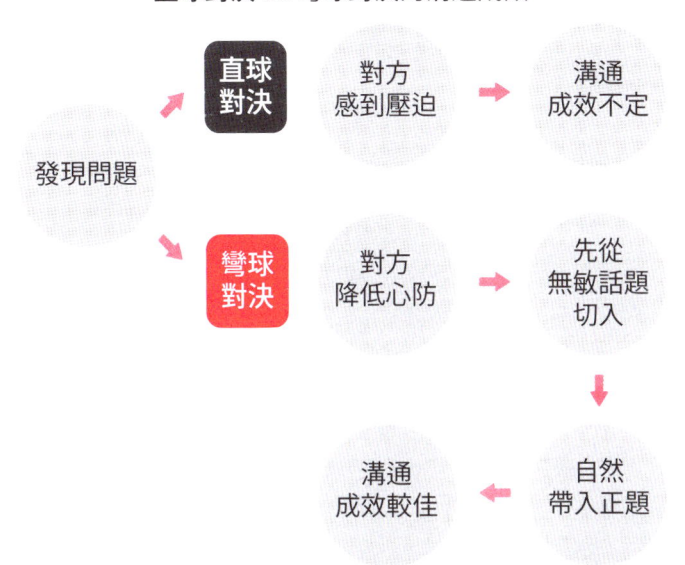

發現問題 → 直球對決 → 對方感到壓迫 → 溝通成效不定

發現問題 → 彎球對決 → 對方降低心防 → 先從無敏話題切入 → 自然帶入正題 → 溝通成效較佳

　　我甚至自我揭露,提到過去曾跟隨過一位非常優秀的主管,最後卻因過度干涉而讓我感到窒息。「我擔心自己是不是也在不知不覺中,重複了這樣的模式?你能不能告訴我真實的感受?」

　　然後,我閉起嘴巴,靜靜地等待他回應。

　　那是一段非常漫長的兩分鐘——他沉默,我也不出聲。我專注地看著他,用眼神傳達:「我很願意聽,你的話非常重要。」

終於，他往前坐了，放下筷子，開口說：「其實Abby，有件事我早就想說了……」接下來，他一件一件地傾訴過去的委屈與掙扎，我一邊傾聽、一邊確認：

　　「你說的是這個例子嗎？所以你當時這樣想？」

　　「如果我當時沒有介入，你會怎麼做呢？」

　　我不急著回應，而是引導他思考：「下次若再遇到這樣的情境，你希望我怎麼做？」

　　最後，我把決定權交還給他，讓他成為修補這段關係的主體。對話後，他誠懇地說：「如果再有類似狀況，我希望你這樣、這樣處理……」

　　我微笑點頭：「聽起來不難，我可以試試看。」

讓對方決定溝通節奏與形式：象徵尊重和願意重建信任

　　我們共同約定了下次回報進度的時間與方式——不是我訂，而是由他提出。我問他：「你覺得什麼時候合適再談這件事？你想用什麼方式談？」讓他決定溝通的節奏與形式，象徵著我的尊重，也願意重新建立信任。

　　這次對話在溫和節奏中收尾，但這場破冰對話的意義遠超過當下的問題解決——它修復了信任的橋梁，也讓他知道，我是真心想理解他，而不是單純下達命令。

　　衝突管理的最大挑戰是，在對與對之間找到可以共同工作的方法，才是讀懂衝突、管理衝突的真諦。面對

CAAA 法則，檢視衝突應對

	不好 關係 好
嚴重 事件 不嚴重	Advocate 倡議 / Collaborate 合作 Avoid 避免 / Accmmodate 包容

資料來源：作者口述整理

衝突時，你要運用的不只是專業與能力，也不是急著區分我對你錯、拚搏誰高誰低，更需要的是「勇氣」——**勇於聽見對方不舒服的聲音，願意讓對話在誠意與信任中重構。**

運用 CAAA 象限，選擇處理衝突的策略

當你讀懂衝突的型態，就會知道處理衝突並不是只能用「硬碰硬」的方式來面對。當衝突發生了，先別急著反應，你可以採用以下四種策略來處理：

避免（Avoid）、包容（Accommodate）、
合作（Collaborate）、倡議（Advocate）

但是哪種狀況適用於哪一種策略呢？你可以運用 CAAA 象限，幫助自己快速地判斷處理衝突的適用策略。面對這樣的衝突狀況，你是該堅定立場？還是選擇退讓？或是一起想辦法解決？還是乾脆別浪費力氣？釐清狀況、用對策略，衝突反而能成為促進理解與關係深化的契機。

請記住，每一場衝突都是一顆尚未拆解的炸彈。運用你的 CI 溝通智能，不是避免炸彈引爆，而是拆除它，並轉化成讓團隊前進的推進力。

在 CAAA 象限圖中，垂直軸代表事件的嚴重程度，愈往上表示事件愈重大；水平軸代表人際關係的品質，愈往右表示關係愈好。根據這兩個維度的交叉，可以將衝突處理策略分為四種：

1. 避免（Avoid）：關係不好 × 事件不嚴重

當事情本身不嚴重，彼此關係也不佳時，最省力、最明智的方式就是「不碰」。畢竟事件本身無關痛癢，雙方又沒有太多信任或默契，堅持討論只會讓彼此更消耗。不如就「Let it be」，讓事件過去也是一種智慧。

2. 包容（Accommodate）：關係好 × 事件不嚴重

如果事情不嚴重，但你們關係良好，那就退一步、套點交情。就像朋友之間各退一步，我們今天先一起吃麵，下次再一起去吃披薩，事情就過去了。

在這樣的情境中選擇妥協並包容，是維持關係的一種投資。

3. 合作（Collaborate）：關係好 × 事件嚴重

這是最理想、最有機會共創雙贏的情境。當事情重要且關係良好，雙方可以坐下來好好談，彼此表達需求與觀點，願意共同承擔、一起面對挑戰，創造出更好的解方。這是最能體現成熟溝通力的典範。

4. 倡議（Advocate）：關係不好 × 事件嚴重

這是最棘手的一種情境。事件重大，卻缺乏信任基礎，這時就必須拿出勇氣，為自己立場辯護，同時也願意傾聽對方的主張。

在溝通過程中，不僅要堅守底線，也要尋求最低限度共識或可行方案，避免衝突擴大成不可收拾的對立。

> 你可以這樣練習

關於衝突,試著思考如何處理

1. 你是否遇過「表面合作,內心不悅」的隱性衝突?當時你如何處理?現在的你,是否能為這樣的人設計一場「彎球式對話」?你會怎麼開場?
2. 請想一個最近經歷的小衝突事件。根據事件的重要性與你與對方的關係,運用 CAAA 象限你會採取哪一種策略?如果可以重來,你會選擇不同的象限來應對嗎?為什麼?
3. 在你的團隊中,有哪些衝突其實是能透過「合作」,而非「包容」或「主張」來解決的?

寫下處理方式

PART **2**

由內而外，
點線面的溝通合作

Chapter 6

向上溝通──
聰明面對老闆的「無理要求」

理解老闆，是一種職場成熟的表現。
是為了老闆嗎？其實，真正的受益者是你自己。

一早進辦公室，待辦清單中條列了多項預計近期完成的工作項目，但你一打開 Outlook，就看到大老闆發了封註記「高重要性」的信給整個團隊，主旨是「請優先處理客戶交代的臨時任務」，但內容卻只有三言兩語，信末還以紅色標註「ASAP」（As Soon As Possible 縮寫）……此時，團隊工作群組的發言正此起彼落：
「誰要負責這件事？」
「我在趕別的專案，也很急」

「老闆都說了，現在要怎麼分工？」

部門主管連忙招開緊急會議，將交辦急件快速分工。

「他怎麼可以這樣？」當老闆直接下令交辦急件時，通常會影響到許多人的工作優先順序，甚至會讓團隊成員覺得老闆「好難搞」、「不講理」、「溝通好辛苦」等評價。雖然「批評老闆」是人之常情，且出於自真實感受，但如果想要提升職場的合作力、影響力與領導力，你必須重新審視這樣的觀點，來場轉念之旅。

將帥一聲令下，累死三軍，這樣的場景相信你我都不陌生，可見在職場中影響我們最多的人，往往不是最親近的家人，也不是最熟悉的同事，而是那位我們每天見面卻時常難以理解的角色——老闆。他的一封信、一句話、一個行動而產生的影響，小則改變當天的工作排程，大則可能改變你的職涯發展，甚至人生規劃。

所以，除了批評老闆之外，我們真的需要理解為什麼老闆總給我們「不合理」的要求。

理解「不合理」背後的動機

許多被同仁視為「不合理」的要求，往往不是因為它本身荒謬，而是因為我們無法理解老闆要求背後的動機與目標。

有時，我們沒有聽懂他的指令中藏著什麼潛台詞；有時，是我們早已預設好方向，當老闆提出不同選項，就立刻下判斷。或者，也有可能老闆的想法確實落伍、不符時代潮流，基於過去的成功經驗，不熟社群媒體、不懂 Z 世代 TA 的他，卻仍堅持用傳統方式推銷產品。

但在抗拒這些「不合理」的要求之前，更重要的是我們能否保持冷靜、具備同理心，從更大格局思考老闆的動機與角色。許多人誤以為工作只是把分內事做好就行，卻忘了：老闆才是那個要為你工作成果負責的人。

你所完成的每一個報告、提案、簡報，他都要拿去面對他的上司、董事會、股東，甚至整個市場。無論是部門主管、處級經理或企業 CEO，都有他必須完成的任務目標（KPI）。所以，如果成果不如預期，走人的是他，不是你。也正因如此，他會干涉、會挑剔、會緊張，這都是人之常情。

老闆之所以授權你執行，正是希望你能夠成為幫助他完成目標的利器。從這個角度來看，老闆不只是你的「上司」，更是你影響組織的起點。因此，我們與老闆之間其實是「共同體」，而非「對立面」。

當你幫他達成任務，他就能成功；當他成功了，你也更有機會被看見、被拔擢、被信任。這是一個由「我」走向「我們」的歷程。

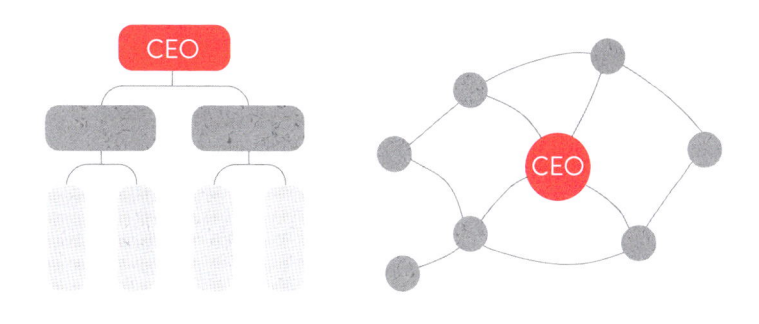

傳統上對下組織圖　　　　**合作網絡組織圖**

從組織圖解析「老闆」的角色

在前面閱讀空氣的章節中,我提到入戲或換位思考是開啟溝通的關鍵,現在我們就用更具象的「換位思考」——從職場組織圖來圖解「老闆」這個角色。

傳統組織圖是自上而下排列,CEO 在最上端,員工在最底層。但如果我們換一個角度,用「老闆為圓心」重新畫圖,或許會得到更有啟發性的理解。想像一個以「老闆」為中心的圓圈,周圍是 Alan、Abby、Christina、Joseph 等重要的團隊成員,彼此之間不是階層式的上下關係,而是合作網絡。

組織圖中的每個人,都是協助老闆完成任務的一部

分;而老闆也是協助我們每個人達成目標的領航者。當從「幫他完成他的 KPI」的角度來看,我們就不只是任務執行者,更是共創組織價值的伙伴。如此,成功不再只是個人勝利,而是整個部門、整家公司共同的成果。

若再把這張合作網絡組織圖放大,你會發現真正的中心是誰?是 CEO——大老闆。他所承擔的責任,遠遠不只是一份報告或一個提案,而是整家公司的成敗。

在許多國際企業中,CEO 往往需要每三年接受董事會或市場的績效評估。公司做得好,全員有功;公司若做不好,他可能就是第一個被撤換的人。這樣的壓力,不是我們身為基層員工所能想像的。

所以,除了你的直屬老闆外,請別忘了公司中還有「老闆的老闆」,以及「高你兩級、三級」的其他主管。雖然你不一定每天與他們工作,但他們對你的觀察與印象,都將在關鍵時刻發揮影響力。這也是為什麼向上溝通如此重要?因為你與老闆的關係,將深刻影響你在組織中的發展機會、資源獲得,以及在工作上的成就感。

當老闆的 KPI 變成你的 KPI,而你覺察到他的成功也牽動你的成長時,你的影響力將遠超出工作說明書的範疇。若你能夠站在他的立場,理解他的壓力,進而主動協助他完成目標,你就不再只是一位聽命行事的「員工」,而是主動創造價值的「未來之星(future star)」。

老闆的溝通類型與應對策略

在職場中，我們會遇見形形色色的老闆，能理解老闆的性格特質與溝通偏好，便能更有效地建立合作關係，甚至成為他們眼中的「心頭好」。

要如何分辨老闆的類型，打好「知己知彼」的溝通基礎？可以從老闆常見的類型象限來區分，Y軸是老闆的管理行為模式（從「指令型」到「服務型」）；X軸則是老闆的思維模式（從「重策略」到「重細節」），可以構成下列幾種類型：

1. 指令型 × 細節導向：完美主義的掌控者

這類老闆具備極高的執行力與控制欲，對細節有極度敏銳的感知，常給人「難以應付」、「要求多」的印象，但其實背後是對專業標準的堅持與責任感的體現。

通常這類老闆有明確的 SOP，甚至在會議室中，對座位安排、簡報順序、空調溫度都有精確的要求。舉個真實的例子：我曾經有位老闆，每天進公司時總穿著剪裁完美的黑色套裝，鞋跟落地的聲音成了我緊張的預警；他的高標準讓我這樣一個「算帳算十次，十次總數都不一樣」的粗心人，時常陷入焦慮。

這類老闆不喜歡驚喜，因為對他來說「驚喜等於驚

辨識老闆風格雷達圖

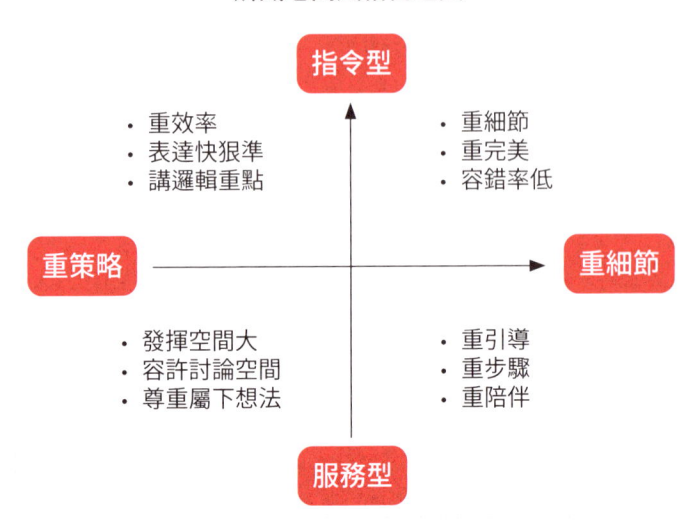

```
                    指令型
                      ↑
  ・重效率           │   ・重細節
  ・表達快狠準       │   ・重完美
  ・講邏輯重點       │   ・容錯率低
                      │
重策略 ───────────────┼─────────────── 重細節
                      │
  ・發揮空間大       │   ・重引導
  ・容許討論空間     │   ・重步驟
  ・尊重屬下想法     │   ・重陪伴
                      │
                    服務型
```

嚇」;他要求你交出 1,但不會感激你給了 1.1,反而會懷疑你沒聽清楚他的指令。然而,即使是面對這樣的老闆也可以工作——只要你能理解他的標準,並且做到比他更好。面對這類老闆可以採取下列方式:

- **尋找標準**:尤其是對於陌生業務,記得先詢問:「老闆,有沒有過去的案例可以參考?」從過往經驗,去掌握他熟悉與信任的格式與方法。

- **拉高標準**:理解他的要求後,若能提出更多、更有意義的細節分析與方案,往往能得到極高評價。

- **務求精準**：這類老闆不喜歡「創意」凌駕「準確」，一項任務，按部就班回報，不提前、不擅改。請謹記：完美無誤，才是最大的驚喜。

2. 指令型 × 策略導向：霸氣總裁型的目標驅動者

霸氣總裁型的老闆關注「方向對不對」、「目標是否明確」，他們通常有強烈的願景與推動力，思維宏觀、企圖心旺盛，會直接以極具自信的口吻說明一到三年的成長藍圖。不同於前者的步步緊盯，他們多半不管你怎麼做，只要求你「準時、準點、達成」。

雖然看似開放，但身處在這種自由之中，也隱藏著高度效率與成果導向的壓力。他們不會關心你如何設計報表，而是想知道你是否真的達到預設的 KPI。

他們給你空間，也期待你自己解決問題，並且「沒事不要來煩我」。對應這類老闆可以採取下列方式：

- **確保對齊目標**：明確了解他心中最重要的方向與成效指標，主動定期簡報、多給結論、少說細節；最佳做法是主動提議：「老闆，我每兩週向您報告一次進度，好嗎？」

最好用他偏好的溝通形式，如果老闆偏好口頭討論，就用講的；若他偏好書面，就用簡明的報告呈現，千萬不要塞他不想知道的細節。

- **主動回饋，爭取認可**：他可能不主動關心你，但若你能以成果取信於他，就能快速贏得信任與更大自主空間。

3. 服務型 × 細節導向：溫柔引導的陪伴者

具有「服務型」特質的老闆，往往會贏得「不像老闆」的評價，因為他們傾向以「關懷」和「引導」方式參與，而不是以命令方式主導工作，甚至他會主動詢問：「你今天心情還好嗎？感冒好點了嗎？昨天睡得好嗎？」這些看似瑣碎的提問，其實反映出他希望參與你的日常，理解你的節奏、負荷與情緒。

他也不會要求你獨自完成工作，而是說：「我們早上來一起 review 一下你的待辦事項好嗎？」透過細緻掌握，建立彼此的信任感與安全感。面對這類老闆可以採取下列方式：

- **建立信任日常**：每天簡單回報你的工作安排與進度，讓他知道你在掌控之中，也讓他安心。
- **接受照顧，也給予回饋**：若他願意以情感支持你，不妨反過來關心他的壓力與辛勞，哪怕只是一句「老闆，謝謝你關心我的感冒好了沒」，或是請他吃自己做的餅乾，他都會心花怒放。這樣的「雙向關心」將讓你們的合作更愉快。

4. 服務型 ✕ 策略導向：賦權式的教練型老闆

最後這類老闆，則是每個有抱負的職場人夢寐以求的主管。他們不要求你事必躬親地報告每一項細節，也不干預你工作的做法，而是像教練一樣，鼓勵你思考、規劃、主導，並給予高度的信任與授權。

他們會說：「這件事，我們的任務目標是設定這樣，你覺得怎麼做比較好？」他們很尊重你，願意聆聽你的策略想法，願意參與討論，卻不會搶奪你的主導權。他們的目標不是把你變成他們想要的樣子，而是協助你成為你最好的版本。面對這類老闆可採取下列方式：

- **主動制定策略，適時回報**：他們給你空間，不代表你能「自由放任」，雖然他們不介入細節，但也樂於聽你簡報計劃進展。適時回報有助維持信任感。
- **尋求支援而非請示**：當你遇到困難，不是來請示怎麼做，而是來討論解法、尋求支援。他們會欣賞你的主動與成熟。
- **把握機會，勇於任事**：這類型老闆會給予你舞台與資源，正如一位無私利他的教練，而他也期待你能負起責任、掌控方向。好好與這類老闆共事，不僅職場發揮空間大，也會讓你成長極快。

3 個加分題,成為老闆心中的最佳伙伴

除了理解老闆的類型與溝通偏好,在與老闆的互動關係中,也不能只靠制式的職場技巧。從多年實務歷練中,我歸納出的三個「加分題」,幫助我贏得老闆的信任,也讓我在團隊中成為不可取代的一份子。

第 1 題:給予回饋,用「請示型」語氣溝通不同意見

在網路時代,市場資訊變化非常快速,老闆也不是神,未必知曉全貌,難免決策並非總是正確,很多時候他們的判斷也可能來自資訊不足或習慣使然。

這時候,千萬別當場白目地說:

「老闆,你都不知道現在的網紅是誰?」

「老闆,現在的年輕人都沒在用臉書,都改用脆（Threads）了!」

當你遇到老闆提出一個你認為不夠完善、甚至不合理的指令時,該如何反應?請試著這樣說:

「老闆,我聽懂了您剛剛的想法,我有一些觀察和想法,您有沒有興趣聽聽看?」

試著用「請示型」語氣切入,取代直接的批評。這樣不但不會讓彼此的溝通對話立刻陷入對立,還會因為下列三項優點,讓老闆對你的溝通能力刮目相看:

1. **讓老闆感受到被尊重**：你並沒有否定他的判斷，而是表示你有補充觀點。
2. **建立對話的空間**：當老闆說「你說說看」時，你就贏得了說服與溝通的機會。
3. **清楚分辨權責**：記得，你有的是建議權，而最終的決策權在老闆身上。

第 2 題：超前部署，讓老闆驚艷於你的效率

當老闆告訴你：「這份提案，下週五中午交給我」，一般人會選擇「準時交件」。但你若能在週四提前送出，並附上一句：「老闆，這份資料已經完成，根據您上週的簡報摘要，我多做了三個延伸分析，您要不要先看看？」這時，老闆不只感受到你的效率，還會感受到你的主動與理解。他會知道：你不只是交差了事，而是站在他的立場思考、協助他提前部署、爭取時間。

甚至進一步地，你還可以提出固定報告節奏：「老闆，這案子您應該很關注，是否我每週五花十分鐘跟您做個簡短的進度更新？」這樣不僅展現你對任務的重視，也創造穩定溝通的節奏。

老闆的信任來自於「你值得託付」，而不僅僅是「你完成了任務」。能夠主動協助他節省思考時間、減少風險的人，才是真正的左右手。

第3題：情感支持，從「優良員工」升級為「未來伙伴」

別把老闆看作冷冰冰的指令發布者，他們也是人，也會憤怒，也會疲憊，也需要被理解與肯定。如果他帶著你完成一場重要的比稿、贏得了一場硬仗，請不要吝於表達感謝。

你可以簡單寫一張卡片，或發一封誠懇的郵件說：

「老闆，謝謝你這次帶我們完成提案，我從中學到……我對這份工作又多了一份認同與熱情。」

一句真誠的回饋，會讓他心中浮現：「這個部屬懂事，知道我為團隊做了什麼，還看見了我的用心。」他可能會因此認定你為未來的領導梯隊之一。

情感支持，不是「刻意討好」，而是建立「彼此理解」的基礎。當老闆知道你能看見他的壓力，也懂得適時回饋，他將更願意投資時間與資源培養你。

累積成為領導者的關鍵資本

或許你會問：我做這些，是為了老闆嗎？

其實，真正的受益者是你自己。因為你學會了：

- 如何說服比你更有權力的人
- 如何讓事情提早完成且更有價值
- 如何在關係中取得更深的信任與對話空間

這些關鍵能力正是你未來能否成為領導者的關鍵資本。每次你主動多走一步，都可能為你打開一次新的晉升機會、一次關鍵的人脈推薦、一次難得的提拔可能。

向上溝通，不是真的要「管理老闆」，而是要與老闆建立良好的互動關係，幫助他成功，最終你也會成為卓越團隊的一員。如果你能善用自己的觀察與表達力，主動出擊、主動協作，最終受益的不只是你，共贏的還有整個公司與客戶們。

當你內化這些行為，你的老闆會看見你不可取代的價值，而你將從專案任務中的執行者，晉升為公司未來的關鍵領導人。

最後，特別提醒年輕朋友們：在向上溝通過程中，千萬不要因為老闆不採納你的意見，而玻璃心碎滿地。

請記住，老闆的不採納不等於你被否定。回到這一章的一開始，老闆需要對整體決策負責，他有權選擇更適合、更顧全大局的方案。而你，則可以觀察他如何權衡、如何應變，這些都是職場中無價的學習。

> 你可以這樣練習

運用四象限，分辨老闆類型

　　你遇到的老闆，屬於哪一種？從老闆類型的四個象限出發，畫出一張「老闆雷達圖」。

　　幫助你辨識出自己所處的老闆類型。掌握他們的特質，更容易與之相處、合作，最終也將助你一臂之力，成就你自己的職涯里程碑。

- 重效率
- 表達快狠準
- 講邏輯重點

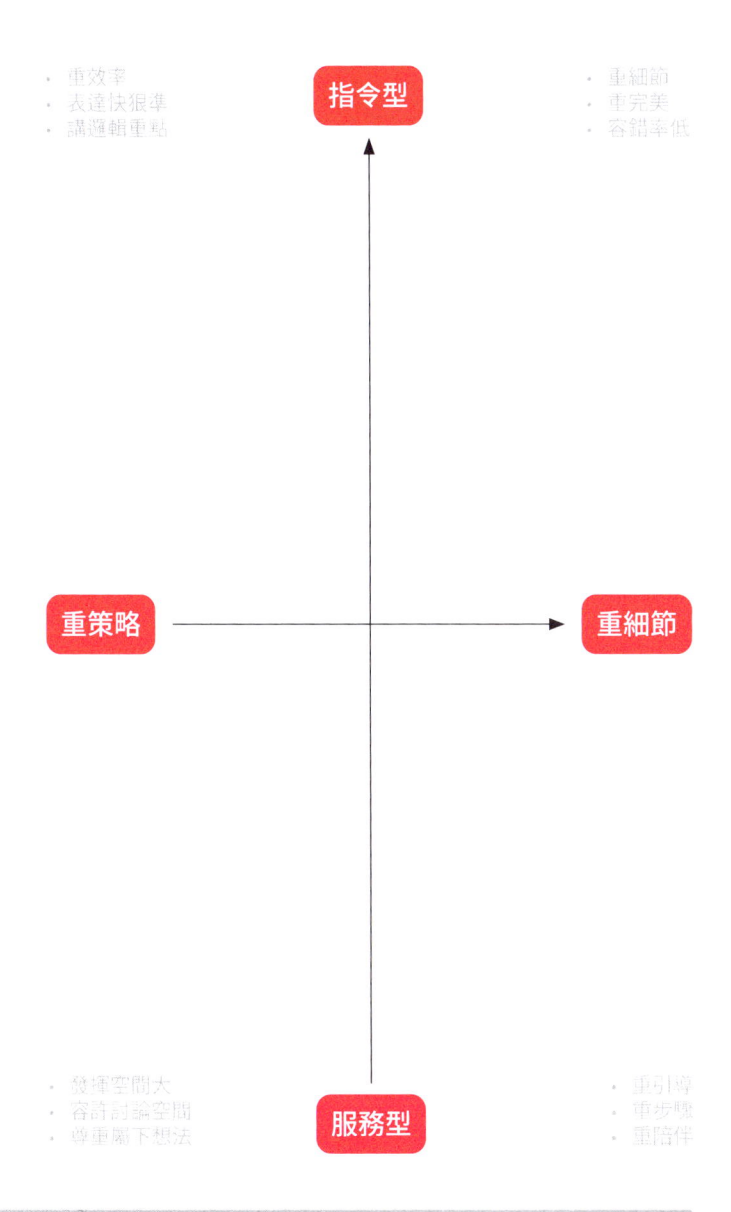

指令型

- 重細節
- 重完美
- 容錯率低

重策略 → **重細節**

- 發揮空間大
- 容許討論空間
- 尊重屬下想法

服務型

- 重引導
- 重步驟
- 重陪伴

Chapter 7

向下領導──
跨世代團隊溝通的關鍵技巧

新世代是下一波企業成長的引擎，
而我們，確實需要學會如何啟發他們。

近期，當我與擔任 CEO 的朋友聚會時，除了委託我幫忙找人才之外，另一個經常出現的話題就是──對 Z 世代員工的管理感到苦惱。苦惱的原因包括：Z 世代對權威較無感，溝通未必會有效，很難建立起長期的忠誠度。

「如何與 Z 世代好好工作？」已經成為當代管理者最熱門的話題之一，但是這個問題不是只有針對 Z 世代，而是職場溝通中，向下領導力的挑戰與學習。

我常對這些 CEO 朋友說：「你知道這些年輕人幾歲了嗎？他們現在大多是二十出頭，是不折不扣的網路原生世代。」

他們點頭：「對啊，他們都不太開口說話，講話也沒表情、不看人，永遠在手機上敲來敲去，連吃飯也得叫好幾次才出來。」這些現象是否似曾相識？不就是你們家裡面那個孩子的樣子嗎？

當我進一步詢問：「你怎麼教你的小孩的？」

朋友們回答：「我很尊重他啊，我會說你等一下出來沒關係，但你要知道功課得做完。我從小就教他要尊重自己、關注前途，有人對他不尊重時，要懂得爭取自己的權益。」

我說：「這就是答案了。」這些 Z 世代的年輕人，就是我們 X 和 Y 世代教養長大的。他們從家庭與學校教育中，被鼓勵要好好做自己，表達自信並習慣了被尊重的溝通模式。現在，他們只是剛好從家裡走入了職場，成為我們的員工而已。

「身教」是領導的第一步

年輕世代進入職場後，需要有人帶領，而你我正扮演這樣的角色，只是要怎麼帶領他們呢？

以我自己為例，顯性的「身教」就是最好的方式。

在職場中，你給別人的第一印象往往從穿著開始。我們處於愈來愈強調個人風格與多元包容的社會氛圍，但仍不可忽視：穿著本身就是種「非語言的溝通訊號」，它傳遞了你對於場合的理解、你所代表角色的自覺，甚至影響他人是否認為你足以被信賴、合作與託付。

有一次，公司迎來一位國際 CEO 到訪，我提前通知團隊，請大家在出席時務必穿著合宜。

團隊中有位年輕成員，個性活潑親切，平時表現也不錯。當天，她的西裝外套尚稱得體，但裡面卻搭配短版 T-shirt，露出肚臍，再加上一條破牛仔褲與帆布鞋，當下讓我猶豫著是否該介紹他給貴賓認識。

最終，我選擇請她先將西裝外套完整扣上，簡單寒暄後，就安排她提前離開。

這樣的場景並不罕見，在 Z 世代或更年輕的職場新鮮人中，認為「穿什麼」是個人自由的一部分，對於「上班的樣子」更是樂於「做自己」，但是真正的問題不在於穿球鞋、T-shirt 本身，而是在於——你是否理解自己正在什麼樣的角色中？

面對這樣的年輕伙伴，我都會提醒：當你掛上名牌、遞出名片，出現在辦公室、參與會議、面對客戶時，你不再代表你自己，而是一個組織的品牌代言人。

此時此刻,你所代表的不是「自己」,而是「這家公司」,是它的專業度、風格、態度與文化。

所以,穿著是否得體,並非要求一律西裝筆挺或名牌服飾,而是要「與公司形象相符」。

如果你所屬的是金融產業、顧問公司,或任何面對高資產客戶的行業,那麼你所展現的專業感與可信度,勢必需要從「穿著」這類外顯訊號開始建立。換句話說,你必須像個專業人士,讓人願意相信你能處理專業問題,而非像一個剛參加完音樂節的搖滾青年。

這並不是要限制 Z 世代的自由,而是提醒:職場,是一種對價關係。一旦進入公司體系,你所扮演的角色,就需要顧及工作上的責任與交換。在職場上,個人風格固然重要,但必須建立在「理解情境」的基礎上。

情境式領導,幫助你帶人帶心

回想自己剛升上主管時,覺得對待員工應該要一視同仁。但隨著管理經驗的累積,我逐漸體會到除了老闆有不同類型外,員工之間也存在極大的差異,一位好領導必須根據不同的特質與情境,採取彈性且因人而異的管理策略。

在我的職涯歷程中,「情境式領導」(Situational Leadership)是我帶人帶心的重要依據。這項理論最早由保羅・赫塞(Paul Hersey)於 1969 年提出,其核心思想在於:

「領導方式,應依據部屬的狀態動態調整。」

情境式領導的基本假設是:每位員工在工作表現上都處於變動中的動態狀態。而變動來自兩個面向:

1. **能力**(Competence):員工對任務的知識與技能,可能高也可能低。
2. **意願或承諾**(Commitment):員工對任務的投入程度、動機與責任感,同樣可能強也可能弱。

根據這兩個象限的交錯組合,情境式領導將員工的成熟度劃分為四種情況,並對應四種不同的領導方式。

在實務情境中,不同成熟度的部屬怎麼選擇最合適的領導策略?以部門主管 Alan 為例,他手上管理著四位風格迥異的部屬,他們正好對應到情境式領導理論中的四個成熟度層級(M1 ～ M4)。透過這些實際案例,我們能更清楚看見領導方式的調整是如何具體落地的。

第一型:M1 低成熟度員工 ×S1 指導型領導

Alan 的第一位部屬剛從大學畢業,尚無工作經驗,對於任務理解力有限,就像是一張白紙,主動性也較低。舉例來說,他不熟悉財務作業,對於如何處理外幣匯兌一頭霧水,甚至連準備會議室的流程都不清楚。

此種情況下,Alan 會採取明確、具體、逐步教導的「指導型」領導方式。例如,他會將開會前的準備流程具體列出:「桌上放三張紙、一枝筆、左邊放咖啡杯、右邊是水杯」,並拍照提供範本,要部屬照著完成。

藉由明確的步驟與標準,部屬只要照做即可。

第二型:M2 中低成熟度員工 ×S2 教練型領導

第二位部屬已有兩到三年的工作經驗,雖然技能尚未完全成熟,但展現出明顯的學習意願與工作熱情。目前的工作狀況是這位部屬對於部分任務已能勝任,但對於新挑戰仍有些遲疑與不確定。因此,和他互動時,Alan 採取「教練型」領導策略:

先肯定對方過去完成的工作表現,接著提出新的任務,並邀請對方一起思考解法:「這是新的任務,你覺得可以怎麼做?」這種領導方式鼓勵對話與參與,也透過提問與傾聽來引導對方建立自信,既能發揮部屬的潛力,也能強化信任與合作的基礎。

情境式領導

成熟度級別	M2 中等成熟度，有較高自信但技能有限 被領導者已準備好並願意完成任務。雖有較高的信心，但缺乏完成任務所需技能	M1 低成熟度 被領導者缺乏獨立工作的知識、技能和自信，也較不願意承擔任務
	中等	較低
領導風格	S2 推銷型（教練型） 領導者提供方向，推銷自己想法，讓被領導者願意參與	S1 告知型（指令型／指導型） 領導者告訴被領導者該做什麼、如何做

成熟度級別	M4 高成熟度 被領導者能獨立完成任務，並對自我能力感到滿意，也願意對任務負責	M3 中等成熟度，有較高技能但缺乏自信 被領導者已準備好並願意完成任務。雖有較高技能，但對自我能力沒信心
	較高	中等
領導風格	S4 授權型 領導者把大部分責任委託給被領導者。只要掌握進展，但較少參與決策	S3 參與型（支持型） 領導者專注人際關係，而非提供方向。他們與被領導者合作並分擔決策責任

說明：由《組織行為學》大師 Paul Hersey 在 1969 年提出的情境式領導（Situational leadership）。

第三型：M3 中高成熟度員工 ×S3 支持型領導

這位部屬已具備不錯的技能與經驗，能力上沒有太多問題，但在面對挑戰或新任務時，時常缺乏自信，對於自己的決策猶豫不決，容易裹足不前。

這時候 Alan 的角色便是一位支持型導師，他不再給予太多具體指示，而是扮演堅強的後盾，傳遞信任與支持：「你辦得到的，放心去做。有任何問題，我都會在你背後支持你。」

藉由「給予心理安全感」，讓這位部屬員工敢於承擔責任、勇於嘗試。因為他知道，即使失敗了，主管也會與他一同面對與承擔，而不是責備與切割。

第四型：M4 高成熟度員工 ×S4 授權型領導

最後一位部屬是 Alan 最欣賞的人才。他不僅能力成熟，處事果斷，對組織與任務也有極高的投入度。這類員工是所有主管夢寐以求的「巨人型」戰將。

對於 M4 類型部屬，Alan 要做的就是清楚對焦任務目標與策略方向後，充分授權並放手讓對方發揮。這就是「授權型」領導──你只需要告訴他：「這個任務交給你，我相信你辦得到」，他便能全力以赴、使命必達。主管的信任與鼓勵，就是員工的燃料與動力。

向下管理，主管的 3 種角色與責任

	賦能	成果	
指導者	知識／技能	能力升級	
協助者	職責／任務	KPI 達標	➡ 職涯成長
支持者	支援／情感	內心安全	

　　從這四個案例能清楚看出，情境式領導的精髓是：**根據部屬的能力／意願，調整對應的領導方式。**

　　每一位部屬都可能從 M1 一路成長到 M4，而主管的角色，便是在這過程中，扮演陪伴、引導、信任與授權的不同角色。沒有一種領導風格可以萬用，唯有「因材施教」、「對症下藥」，才能真正培養出具備成長動能的團隊成員。如此一來，領導也不再只是管理，而是成就他人，創造團隊共好的力量。

向內逐一溝通組織願景 & KPI

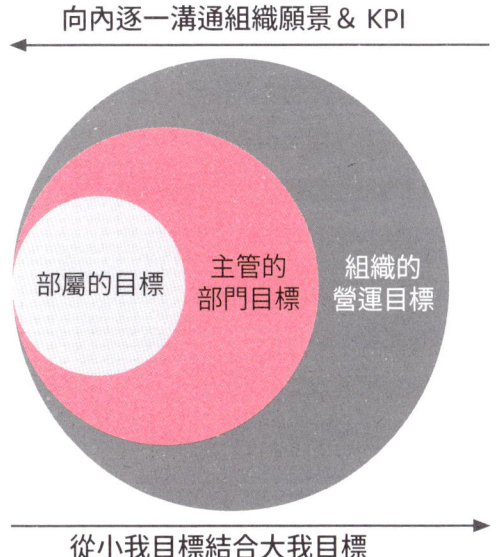

部屬的目標　主管的部門目標　組織的營運目標

從小我目標結合大我目標

領導新世代不是問題,而是時代演進

在領導跨世代團隊價值觀念的差異時,你要能理解「這並不是他們有問題,而是他們跟我們不同」,意識到這點,才能真正的「因材施教」,善用他們的長處。

Z 世代的價值觀與行為模式,正是這個時代的產物,也是教育與社會共同養成的結果。請認知到:
- 他們是網路成長的世代,資訊吸收與表達方式不同
- 他們具備強大的科技運用能力,對新工具的適應力

遠高於前幾代
- 他們從小就接觸多元世界,有更寬的視野與價值觀
- 他們相信理想,也渴望成就感,但也習慣以自己的節奏與信念行動

因此,作為領導者的我們,不能只看著他們和我們不同的地方,應該學習善用 Z 世代的幾項特質:
- 科技力:讓他們成為團隊數位轉型的推手
- 創造力:引導他們參與創意發想、品牌社群經營
- 多工與斜槓能力:鼓勵他們在不同的任務中,發揮跨界整合的優勢
- 價值驅動:理解他們的使命感與意義感,並協助他們將組織目標與個人目標對齊

我們都知道使用 AI 是公司成長的未來能力,而年輕伙伴是公司創新的重要核心。針對這個任務,我召集了一群公司 Z 世代,告訴他們為什麼 AI 對公司成長如此重要,而他們是非常重要的世代,懂 AI 也能快速學習,因此邀請他們組成一個 AI 教師群,由他們定期教導公司主管及同仁學習使用 AI;同時我自己也定期使用 AI 來工作,並向他們請教我不懂的地方,這樣的安排很快就讓團隊成為 AI 尖兵。

Z世代不甩你？3方法讓他聽你的

From	→	To
HOW	→	WHY
指派	→	邀請
服從	→	服氣

我讓年輕Z世代理解這為什麼重要，同時也邀請他們參與任務，我自己更以身作則，如此便創造出「真正世代融合」的成功案例。

當一家公司能真正理解並融合Z世代的特質，就能讓組織注入新的活力、創新動能與時代感。Z世代的出現是公司未來的成長契機。與其困在「他們不好溝通」的情緒中，不如轉個彎，問問自己是否能放下成見與舊有框架，看見潛藏在這一代人身上的力量。

他們是下一波企業成長的引擎，而我們只需要重新用面對新人類的方式來認識他們，找對方法，學會如何啟發他們心中的熱情。

> 你可以這樣練習

情境式領導,盤點你的管理能力

回想你目前工作團隊中三位成員,請列出他們目前的成熟度狀態(M1〜M4),與你對應的領導風格(S1〜S4)。

你認為目前的領導方式是否精準?有無調整空間?建議用表格填寫,幫助你盤點實際領導情境,提升個別化管理能力。

成員姓名	成熟度判斷(M1〜M4)	目前領導方式(S1〜S4)	是否適配?為什麼?

Chapter 8

合作極大化──
跨部門橫向溝通及外部合作

溝通落差的產生,往往不是因為不同,而是因為假設。

你玩過「信任遊戲」嗎?不少公司或組織在進行團隊建立(Team Building)的活動中,都會安排「信任遊戲」,最經典的就是讓一位成員站在高台上,背對其他伙伴,由領導者發出指令:「放心倒下吧,你的伙伴們會接住你。」透過這個遊戲,成員得以體驗信任、支持與勇氣的真諦。

這個經典遊戲我玩過很多次。有次看到一個網路影片,演出主管未明確請要倒下的成員往後倒,結果該員

在聽到可以倒下時,沒有選擇向後倒,反而不合理的向前倒下,摔得鼻青臉腫,令在場所有人震驚又錯愕。

這個看來滑稽又荒謬的網路影片,其實深刻揭示了溝通中最常見的問題——彼此間的理解存在著「落差」(Gap)。在溝通過程中我們常以為對方會聽得懂自己的指令,卻忽略了訊息在傳遞過程中可能會產生偏差:

我以為你知道,但其實你不知道;

我以為你懂,但事實上你誤解了。

溝通落差的產生,往往不是因為故意,而是自己或對方的「假設」,到事後才發現是誤會一場。聰明的領導者或跨團隊工作者,必須善用 CI 溝通智能,從各自角色出發,採取主動積極的方式,確保溝通目標一致。

跨部門合作:根據角色調整溝通方式

再次回到信任遊戲的場景,要如何避免讓伙伴接收了指令,卻仍然觸發錯誤的行動呢?我們可以根據不同的角色,調整溝通的方式:

1. 身為領導者:給予清晰且具體的指令

單單說「倒下」是不夠的。如果你是負責下指令的

領導者，應該明確地告訴執行者更多細節：「放心，我們的團隊會在你的背後支撐你。當我說『倒下』時，請你往後倒，我們會接住你。」

這樣的指令，不僅消除了模糊與可能的誤解，也能給予執行者必要的安全感，讓他能夠安心完成動作。

清晰的指令，代表領導者對責任的承擔，也展現對伙伴的尊重。請記住：領導者要為清楚溝通負責，而不是讓部屬去揣摩。

2. 身為執行者：主動確認，避免誤解

當你站上台聽到指令時，即使感到緊張與不安，如果內心有一絲絲的不確定，請務必主動確認訊息。

「我收到了。請問是希望我往前倒還是往後倒？所以我的同事會在那個方向接住我，對嗎？」這句簡單的再確認，可大幅降低理解錯誤的風險。

同時，透過觀察周遭伙伴的動作與反應，再次確認整體氛圍與支持力道，才能真正放心地執行指令。「主動問清楚」是執行者成熟的表現，不要害怕詢問，因為不問清楚所導致的錯誤，往往付出的代價更高。

3. 身為協作伙伴：及時支援，補位溝通

如果，你剛好也是信任遊戲中的協作伙伴，支援者

的角色同樣關鍵。除了默默準備接住倒下的人,更應該適時給予口頭上的支持,例如:「放心!我們都在你後面,只要往後倒就好了!」

這一聲溫暖而清晰的提醒,不僅能安定執行者的情緒,也能間接協助領導者完成指令的傳達。在團隊中,主動補位,是彼此信任的具體展現。

如果是團隊內部中的溝通落差,因為彼此職務可以垂直聯繫,往往很快就能消弭,但是面對跨部門的橫向協作,要如何確保來自多方的資訊與需求,在多人溝通時能夠快速互相理解、甚至一起行動呢?這個時候,根據大家的角色來調整溝通方式就更為重要了。

用 SOP 因應「上有領導、下有執行、旁有協作」

不同於組織中上下層級互動的垂直協作,橫向協作指的是不同部門、同一層級之間的合作。這些部門之間形成一種「平行而相互牽動」的關係,任何一方的延誤或疏漏,都可能影響任務的整體進度。因此,在跨部門橫向合作中,首先要做到以下兩點:

1. 明確界定分責與角色

誰負責什麼?什麼時候介入?何時退場?哪些決策

對焦共同目標，跨部門共事不卡關

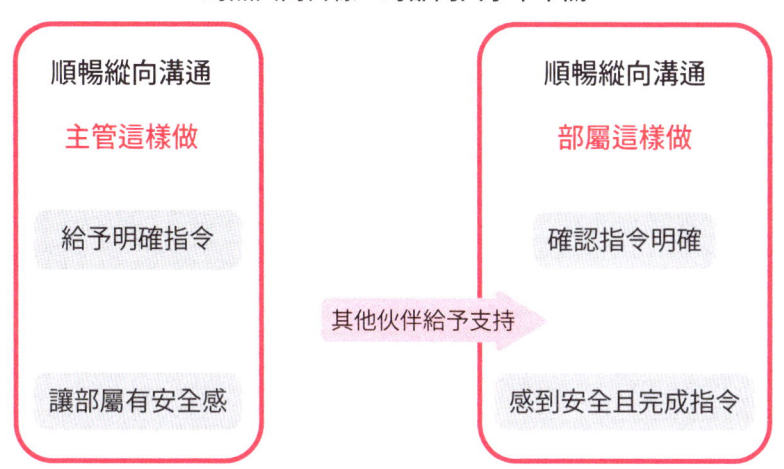

順暢縱向溝通		順暢縱向溝通
主管這樣做		**部屬這樣做**
給予明確指令	其他伙伴給予支持 →	確認指令明確
讓部屬有安全感		感到安全且完成指令

需要共同確認？哪些可單獨推動？各單位必須對分工有清楚界定，每個人的角色界線愈清楚，協作的阻力就會愈小。

2. 建立適當的協作平台

有效的平台是橫向溝通的助力。除了傳統 Email，目前許多企業也採用即時通訊軟體（如 Line、微信、WhatsApp）來進行專案討論。然而，要注意的是：這些平台必須用於任務溝通，不應淪為閒聊區，避免分散注意力與降低工作效率。

此外，為了應對不同情境，建議建立基本協作流程，例如：

- 指派責任人（明確知道誰負責最終成果）
- 記錄討論內容（避免資訊遺失）
- 設置回應時限（確保專案推進）

在橫向協作中，就算制定好上述的基本規則，難免會遇到超出自身權限範圍的問題。例如，跨部門資源調度需再由高層決策介入，這時候，應該適時向主管報告並請求協助，這並非「狐假虎威」，而是有效整合資源、促進任務順利推進的重要手段。

此外，就算流程與分工安排得再完善，也難以完全避免突發事件。因此，團隊必須保持彈性，隨時準備啟動「敏捷管理模式」──快速溝通、即時協調、迅速找出替代方案，確保專案能持續向前推進。

在一個專案中，身為專案負責人（Project Owner），同時要面對上層主管的目標設定與要求，下層團隊成員的執行與支援，還可能需要協調橫向同儕的資源支援。

面對可能來自多向的統籌壓力，CI 溝通智能要發揮在釐清每一個環節的銜接上，能夠清楚地：

1. 藉由「**理解上級的指令與期待**」
2. 接續「**有效傳達任務目標給下屬**」
3. 進而「**靈活協調橫向資源與進度**」

並且隨時回報，調整行動計劃，這考驗的不僅是溝通技巧，更是領導力與整合力。

跨部門橫向溝通真正挑戰的是——共識、耐心，以及持續為組織目標齊心協作的意願。因此在溝通時，專案負責人一定要「多想一步、多做一步、多問一步」。

多元組織合作原則

不論是跨部門的團隊協作，或是跨界的外部合作，多元組織合作的工作型態，已經是不可忽視的趨勢了。尤其是新世代組織倡議的 SDGs（聯合國永續發展目標）與 ESG（環境、社會、公司治理），無非都是從多元文化與性別平權的角度出發，消除性別歧視、杜絕暴力與剝削，讓更多專業人才不致受限於傳統的刻板印象，也能享有升遷機會、合理薪資與平等對待，而且能夠在職場中發揮自己的價值。

那麼，在一個講求多元共融、強調平等對待的組織環境中，應該如何應對不同性別、不同性格特質的伙

兩性多元合作原則

女性特質主管

優點
- 堅強的後援
- 以柔克剛
- 韌性強

留意
- 主管勿強悍
- 理性表達
- 給予空間

優點
- 有同理心
- 愛好分享
- 情感連結

留意
- 要坦誠溝通
- 不互相比較
- 有詳細規劃

男性特質部屬 → **女性特質部屬**

優點
- 兄弟情誼高
- 行動力強
- 目標感高

留意
- 注重細節
- 表達感受
- 加入彈性

優點
- 互補性高
- 思考完整度高
- 談判互相搭配

留意
- 用心傾聽
- 換位思考
- 多點耐心

男性特質主管

伴？又該如何打造出一個既尊重差異、又能充分發揮個體優勢的團隊呢？以下我從「個性特質」，而非「生理性別」作為切入角度，分享不同類型主管與部屬之間的互動特性與溝通建議：

1. 女性特質主管 × 女性特質部屬

例如影集《華燈初上》中，都是女性組成的團隊，你可以看到她們之間的互動，共情性高，情感連結緊密，所以溝通流暢，容易分享與支持彼此。不過和同事、主管感情好如閨密，當遇到公務需要就事論事時，很難以直球對決；抑或是情感交流過多，容易出現互相比較的心態，一旦有「老闆對她比較好」的情緒出現，職務分工的執行力就會不足。

面對這種缺乏公私邊界感的組織，建議管理者應該理解每位成員的專長差異，避免無謂比較；重要決議要有白紙黑字記錄，建立明確的行動計劃，以具體、明確的方式溝通。

2. 男性特質主管 × 女性特質部屬

韓劇《非常律師禹英禑》中，在禹英禑工作的事務所中，主持律師都是男性，法務團隊也以男性居多，但是面對需要考量「情、理、法」面向的訴訟案件時，就

可以很明顯看出，男性主管偏理性決斷，女性部屬則會多些感性。

在男性特質主管加上女性特質部屬的團隊中，決策與執行看似互補，不過有時男性主管可能會忽略聆聽與支持團隊成員的需求。這時候，男性主管如果願意刻意安排時間，傾聽女性部屬的想法與情緒，或是適時地給予肯定（如小禮物或感謝卡片），就能大大提升部屬的認同感與動力。

3. 女性特質主管 × 男性特質部屬

最經典的例子就是電影《高年級實習生》中，年輕有為的安海瑟薇是勞勃狄尼洛的老闆，先姑且不論年齡與經歷的差距，就性別特質上，可以明顯地看到男性部屬的執行力強，能夠支撐女性主管的決策落實。

不過，當女性主管在展現對事情的堅持或是要求完美時，可能被員工誤解為情緒化，而且男性部屬偏好明確指令與自主作業，較不適應過度細節的指導。因此建議在溝通時，女性主管應以理性、具體的數據或案例佐證，明確設定目標與成果，授權之後要記得放手，避免事事緊盯。

同時，減少感覺式的表達，避免引發男性員工情緒性反應。

4. 男性特質主管 × 男性特質部屬

這類「很 Man」的團隊，例如球隊、軍隊，可以很明顯感受團隊的氣氛熱血、具備強烈的伙伴精神，只要目標導向明確，就能「作伙」迅速行動。不過，當領導者與成員意見相左時，也容易產生硬碰硬的衝突。

因此建議遇到意見分歧時，避免陽剛氣息的對抗，強化理性協商，同時加強「兄弟精神」之間的彈性思維與互助意識，在執行過程中加入細節確認機制，才能讓行動力的綜效發揮到極致。

外部合作：把「你」放在我前面

處理組織內的縱向與橫向溝通時，最重要的思維就是：帶著從「我」到「我們」的角度去啟動溝通機制。不過，在進行外部合作的溝通時，啟動對話最重要的關鍵態度，就是「無我」。這並不是指沒有自己的角色，而是面對外部對象時，要把「你」放在「我」前面。

外部合作通常會是以「客戶」作為主要對象，進行客戶關係的管理與溝通，是奧美（Ogilvy）的服務哲學。所以對於每一位員工，我都會提醒：客戶並不會一開始就關心你有多優秀，他們首先在意的是「你有多關心他」。

當客戶覺得受到重視,才會打開心門,願意聆聽我們所提出的專業建議。這個重要的訣竅源自於奧美創辦人大衛‧奧格威(David Ogilvy)先生的教誨。他提醒我們:「要用客戶的產品。」唯有親自使用、體驗,才能真正理解客戶產品的價值與使用者感受;才能以最真誠的態度,站在客戶的立場思考與服務。

因此,建立外部合作的關係攸關人性,**先關心、再專業**,才能建立合作間的信任基礎。

外部合作通常具備「目標明確、限期完成」的特性,甚至基於契約精神,甲方和乙方權責分明。不過外部合作不只是銀貨兩訖的交易,而是要能掌握任務與關係的平衡,採取適當的雙軸策略,才能有效進行客戶管理與溝通,這也是客戶服務領域的壓箱寶。

通常,外部合作可分為「任務型」合作與「關係型」合作,前者是確保事情如期、高品質地完成;後者則是因為對於交辦任務成果滿意,維繫情感連結,成為長期合作伙伴。

進行客戶管理時,必須始終記得——客戶也是人,而且客戶往往不是一個人,而是一群人。他們跟我們一樣,一天只有二十四小時,也有自己的老闆需要交代,也有一堆待解決的問題與壓力。

給予明確指令
如期交付任務，甚至超越客戶的期待

管理期望值
補足雙方認知的落差，滿足對方的期待

客戶管理 4 大目標

管理感受
經營雙方關係，建立長遠合作

管理過程
管理整體工作過程，確保任務順利且細緻完成

因此，如何幫助客戶成功，同時也就是幫助自己成功，正是我們一再強調的「共好」邏輯。

「以終為始」的客戶管理

該怎麼做呢？建議採取「以終為始」導向，設定客戶管理的四大核心目標：

1. 管理期待值

所有的落差,幾乎都源於期待值差距(Expectation Gap)。溝通落差也是如此。必須靠及早釐清、同步彼此的期待,不讓落差擴大,就能大幅減少誤解與失望,讓合作順利推進。

2. 管理工作過程

結果固然重要,但過程中的每個小細節也同樣關鍵。每一項任務都必須清楚分工、按部就班、準時完成。流程管理得好,客戶感受的專業度就高,信任也就隨之加深。

3. 重視感受與關係經營

「感受管理」是客戶關係長久的關鍵。客戶是否覺得自己被重視?是否感受到我們的全心投入?這些微妙的情感指標,往往比條列式的服務內容更影響合作時間的長短。記得,關係是靠日常細節累積的,不是只在交付成果時才展現。

4. 交付結果,且超越期待

最終,一切必須回到最核心的衡量標準——結果。但若能在既定的標準上再多走一步,超越客戶期待,不

僅能收穫滿意，更能贏得驚喜與忠誠。這才是建立永續合作關係的不二法門。

與客戶維持良好的溝通，以上四大目標缺一不可，因為當你真正站在客戶的立場，理解並成就他的需求時，你也正在悄悄成就自己的價值。因成功的客戶管理，就是一場兼顧理性與感性的平衡藝術。

外部組織溝通：不同角色，有不同期待

有效的溝通，都是對著目標對象量身定制的。尤其當客戶是一個組織時，要如何讓另一個團隊如你所預期地達成相同的目標呢？在與客戶互動時，不同層級的對象有不同的期待，必須根據他們所處的位置與關心的焦點，調整溝通的方式與內容。

從常見的客戶團隊組成解析，你可能面對的溝通對象包括：執行窗口、窗口主管，以及客戶的大老闆。

1. 面對執行窗口：他們是你最強大的內線盟友

執行人員是我們最常互動的對象，他們是任務推進的關鍵角色。然而，許多代理商最容易忽略他們的感受，錯把他們當作單純「手腳」，忽視了應有的尊重與理解。執行窗口最在意的是：

- 準時與效率：不延遲交付，影響他們的作業節奏
- 品質與細節：交付的成果必須正確無誤，避免讓他們花時間重工修改，更要避免因為錯誤而導致他們在上級面前受到責備
- 解決與支援：能幫忙完成的事項盡量協助，能讓他們減輕負擔、避免麻煩的事，你就贏得他們的心
- 功勞歸於客戶：如果你的表現能讓他們在老闆面前加分，他們自然也會更支持你

2. 面對窗口主管：主動思考，成為價值提供者

再往上一層，我們會接觸到客戶的主管。這些人肩負部門或專案成敗的責任，因此他們的期待會更聚焦於成果與策略價值。窗口主管在意的是：

- 品管與控管：交付的成果要有質量把關，減少錯誤，提升可信度
- 策略與解決方案：能否提供超越執行層次的建議？是否能針對問題提出具體的解決方案？
- 資源連結與加值：除了日常任務執行外，他們期望你能主動分享產業趨勢，能否引薦有助於業務推進的人脈或資源，讓他們在組織內部表現得更出色

3. 面對客戶大老闆：展現高度重視，成就卓越貢獻

客戶的大老闆就如「背後靈」的存在，因為他才是企業內真正的決策者或高層。他們在乎的面向不外乎：

- 高度重視與優先處理：你的公司對他的企業是放在第一順位對待的，感受到你對合作的熱情與重視
- 細心與周到：每一個細節，每一次主動，每一個安排，都能體現你對他事業的在乎
- 理解並對齊企業目標：你是否真正了解他們公司當前的願景與組織的 KPI？是否能在策略上助力他們完成更高層次的目標？
- 為品牌創造貢獻：不只是交付工作，而是讓他的品牌、產品、服務，因為你的努力而更上一層樓，這才是真正能打動客戶高層、獲得長期信任的關鍵

正如大衛・奧格威先生所說：「你有多在意我，我就會多麼在意你。」當客戶大老闆感受到你的用心，他也會願意將更多、更重要的項目交付於你。

理解不同層級的期待，才能真正做到客戶關係的立體經營，讓合作不僅是一次次交易，而是一次次共贏的累積。

Chapter 9

創造雁行效應──
團隊激勵策略大解析

> 激勵,是語言的藝術,也是信任的累積;
> 可以讓人退縮,也可以讓人飛翔。

多年前,當我的團隊陷入年度業績目標嚴重落後的低潮時,依照傳統做法,我應該要召開會議,向所有同仁公布現況、分配業績缺口、要求每個人加快腳步。

然而,我知道這樣的方式,只會讓陷入低潮的團隊情緒更為壓抑,陷入死氣沉沉的被動中。於是,我選擇另一種做法:帶領團隊前往北海岸,參加飛行傘活動。

這個提案起初引發不少質疑,尤其是平時較為保守的同事,他們不斷說:「我不敢」、「我不玩」。我尊

重他們的選擇,讓他們留在旁邊觀賞;然而,在其他同事紛紛完成飛行、平安落地,並帶著燦爛的笑容回來後,那些原本抗拒的人也一個個主動加入,最終全員都參與了這場突破自我的飛行挑戰,每個人臉上都是難以言喻的興奮與自信。

那天我們乘著風,在教練的帶領下,從山頂飛向海岸,在那一刻,我們團隊不只是飛起來了,也克服了內心的恐懼,喚回了那份久違的「我做得到」的信念。

當時感受到的不只是「飛行」,而是一種超越自我限制的勇氣,也因為這股能量,到了年底,我們團隊完成了原本看似遙不可及的業績目標。

我一直信奉:「真正的領導力,不是讓人服從,而是讓人信服。」這信念是經過長時間學習累積而成的。

還記得剛成為部門主管時,總覺得要帶領一群不熟悉、背景與你不同的成員,困難往往接踵而來。當時我和很多三明治主管(管理位階居中,必須對上也對下)都有類似的感嘆:「教到天都黑了,還不如我自己做。」

但我們都知道,一個人的武林無法做大的,對嗎?

這時候,更要靜下心來想一想:如何透過溝通,讓伙伴們知道我們要做什麼,讓他們理解你的能力,並且服從你的領導。

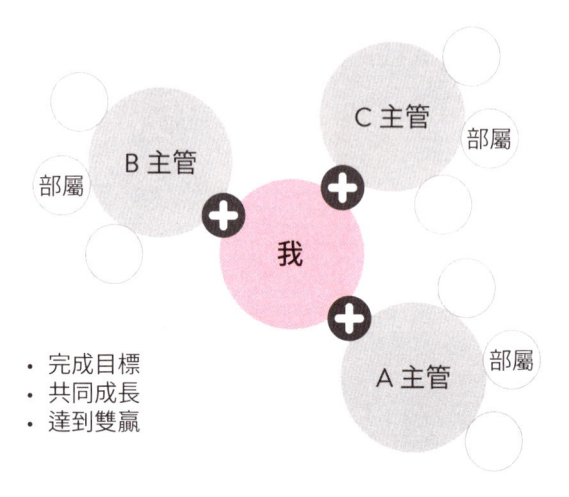

```
         C 主管
   B 主管       部屬
部屬    ➕
     ➕
       我
        ➕
              部屬
・完成目標   A 主管
・共同成長
・達到雙贏
```

從「我」到「我們」的領導心態

我偏好用「教練型」、「合作型」、「服務型」的團隊合作概念，而不太喜歡用「誰在誰下面」的概念。

如果用「合作」來看團隊工作，你可以想像：以「我」為一個「小我」，加上我的 A 同事（主管）、B 同事（主管）、C 同事（主管），再加上他們的部屬，聚在一起就會成為一個「我們」。

其實，領導就是透過從「我」到「我們」的過程，從你個人出發，去影響 A、B、C 三位同事的行為，引

導他們朝向組織共同的目標前進，進而放大成部門，再放大進入橫向合作或是向外合作。用「合作」的角色來擴張，看待事情時與只想到自己相比，思考的角度與產生的成效會大不同。

從「我」擴展為「我們」，正是領導力的起點。

面試時，我們難免會覺得和自己相似的人，看得比較順眼，但是在團隊中，如果都是同類型的伙伴，遇到問題需要協調時，很容易陷入單一化思維，難以因應外部多變的挑戰。成為領導者最重要的認知之一，是理解與欣賞團隊成員的「不同」。每一個人都是獨一無二的存在，價值觀、信念與風格各異，懂得看見多元人才的長處，放大其優點，才能使其缺點不致造成傷害。組織內有多元互補的專才，就能激盪出創新的火花。

從「利他」思維出發

因此，將思維轉換從「利己」到「利他」，是領導力必須具備的能力。當你專注於成就他人，幫助他人發揮所長，他也將反過來成就你，一同完成組織所交付的任務。但是，具體該怎麼做呢？

從**建構願景**開始，清晰傳達組織方向。「我們要走去哪裡？我們的願景與使命是什麼？」這些話語不僅要

溝通願景 4 步驟

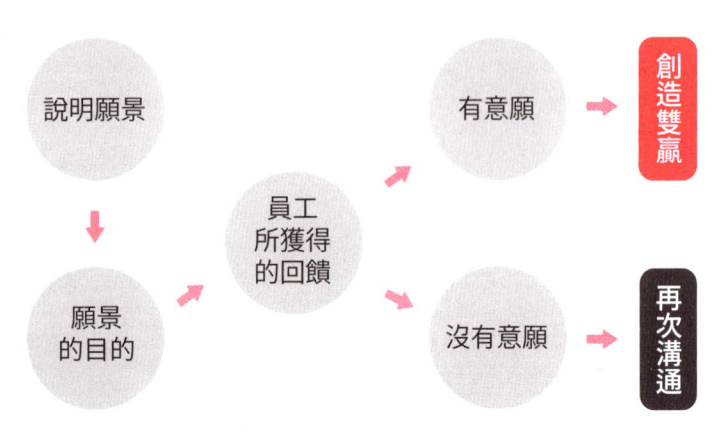

說明願景 → 願景的目的 → 員工所獲得的回饋 → 有意願 → **創造雙贏**

員工所獲得的回饋 → 沒有意願 → **再次溝通**

出現在報告中,更要出現在每一次的對話、會議之中。

當願景明確,**目標要具體**,行動計劃才能落實。最關鍵的是,你必須讓團隊知道:「當我們達成目標後,每個人會得到什麼?」這些「報價」不僅指薪資、獎金,也包含職涯發展、學習機會與成就感。

唯有讓團隊中的每位伙伴清楚知道「為何而戰」,他們才有意願投入。不過在實務經驗中,單靠「激勵」無法解決所有問題,因為每個人都是獨特個體,有不同的背景、價值觀與職涯需求。所以,領導者可以從「個人」與「組織」兩個層面出發,進一步分析可能造成工作意願低落的原因,並依其特性採取相對應的策略。

工作意願低落的顯／隱性因素

首先，員工在個人層面產生工作意願低落的原因，可能分為「顯性因素」與「隱性因素」兩類：

顯性因素通常可被觀察與表述，例如身體不適，短期病症像是感冒、生理期等，可藉由合理的病假制度來解決，讓員工獲得休養。至於有重大慢性病或心理健康問題（如焦慮、憂鬱等），企業人資部門也有導入相關制度，協助長期追蹤與專業介入。

另外一種常見的顯性因素，則是對薪資、獎勵制度、升遷機制感到不滿，認為制度不公，缺乏發展機會。制度面的對應方式是藉由多元考評制度，如360度回饋評量，確保每位員工的貢獻被多面向、公平地看見與評價。

隱性因素由於不易察覺，卻更具破壞力。常見的狀況包括：員工覺得自己「應該要升遷」或「應該要加薪」，或是長期未獲得具體而正向的回饋，缺乏被主管發現或明確回應肯定的經驗，進而懷疑自身價值。甚至是與主管溝通不暢，認為自己不被欣賞，或覺得別人總是獲得更多資源與機會，長期積累負面想法，因而產生怠惰與離職意圖。

個人與團隊需要激勵的原因

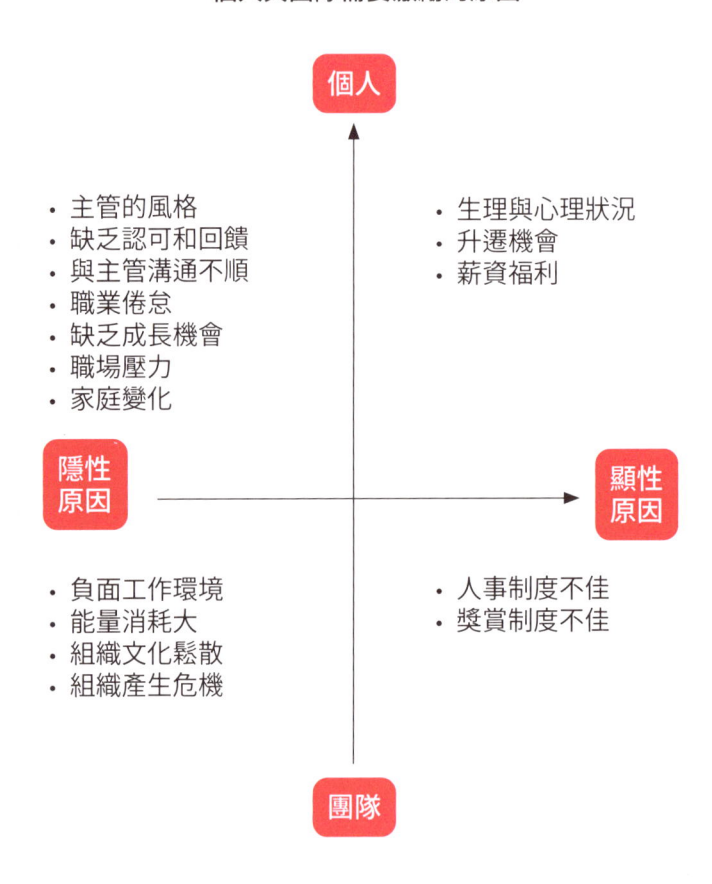

個人

隱性原因：
- 主管的風格
- 缺乏認可和回饋
- 與主管溝通不順
- 職業倦怠
- 缺乏成長機會
- 職場壓力
- 家庭變化

顯性原因：
- 生理與心理狀況
- 升遷機會
- 薪資福利

團隊

隱性原因：
- 負面工作環境
- 能量消耗大
- 組織文化鬆散
- 組織產生危機

顯性原因：
- 人事制度不佳
- 獎賞制度不佳

職涯對話機制 3 原則

就像冰山理論,當你察覺員工工作意願低落不是顯性因素時,就須探查冰山下層。其中最值得關注的,是員工對自身職涯發展期待是否被組織真誠看見與回應。

此時,團隊領導者可藉由啟動溝通機制,例如定期進行「職涯對話」(Career Conversation),了解員工對自我發展的期待與盲點,並回饋具體可行的行動建議。

我分享自己多年來實行職涯對話的三個原則:

原則 1:保持公平感,讓成長有跡可循

「被公平對待」是員工在團隊中期待的基本尊重。如果讓他覺得在團隊中始終缺乏機會表達,或沒有獲得組織回應,進而擔心影響自己的職涯成長。針對這樣的情況,領導者與企業應建立一套系統性的職涯對話,定期與員工進行面談。

在職涯對話中,領導者可以和團隊成員共同設定短期 KPI 與發展目標,也能提供具體的回饋,包括他表現出色的環節與待加強的方向,並聆聽員工本人的觀點。更重要的是,這樣的機制應當**具備持續性**,透過**週期性檢視**,讓員工明確感受到:「我的努力被重視,我的進步有方向。」甚至也可以進一步對應具體行為與對

應獎勵（如升遷、加薪、培訓機會等），就能強化組織內部的公平感，也讓員工在明確制度中，更願意投入。

原則2：關係型動機：修補人際裂痕與建立合作情感

除了「成就感」之外，職場中的人際關係也是影響員工工作意願的重要關鍵。與主管的互動是否順暢？與同事是否相處愉快？當領導者察覺團隊中出現人際緊張，應該主動提供資源與機會，促進良性互動。不必侷限於正式的「團隊建立」活動，有時候，只需要提供小額補助，鼓勵團隊定期共進午餐、聊天或非正式聚會，便能創造更多溝通空間。

在我的團隊中，曾經有兩位同事因為公事而出現明顯摩擦，身為主管的我，邀請雙方進行開誠布公的對話。例如：「A當時為什麼會做這樣的決定？」「B為什麼感覺自己被忽略了？」針對具體事件理性地探討雙方的動機與觀點，有助於釐清誤解並修復合作關係。

原則3：情感與生活支持：真正讓人感受到被在意

最後，也是最容易被忽略的原因，就是員工在生活中面臨的情感困境與家庭壓力。這類隱憂往往不會主動向主管揭露，因其屬於個人私領域，例如家庭變故、感情問題，甚至是寵物離世。

人才流失的負循環

組織制度不佳 → 企業文化不佳 → 員工離職 → 缺人才 → 組織制度不佳

　　公司曾有同事因為家中養了十多年、視同家人的寵物過世，而情緒低落。雖然人事制度中沒有「寵物哀悼假」，但是我們仍提供一日彈性工時，讓他能夠安心在家完成儀式、沉澱心情。

　　我也曾經在公司電梯中看到同事的眼眶紅紅的，明顯是哭過，當時電梯中還有其他人。於是稍晚，我藉由交辦文件，悄悄走到她座位旁，順帶問：「最近有什麼我可以幫助你的嗎？」

當領導者表達貼心的支持，也傳達出一個關鍵訊息——你很重要，我們在乎你。當你真誠地對待你的團隊同仁，他們必然也會以更高的投入與忠誠，回應你與組織的信任。

對應不同狀態的 4 種激勵策略

了解同事個人工作意願低落的原因後，懂得「對症下藥」，激勵機制才有療效。你可以根據前面提過的情境式領導理論，依照每一位員工「意願」與「能力」的高低組合，區分為四種策略：

1. 沒意願、沒能力者（S2 型，應考慮轉職）

如果明顯感受到這類員工缺乏動機與能力，持續投入激勵往往成效有限。對這類同仁，應傾向引導其轉換跑道，另尋更適合的發展空間。

2. 有意願、沒能力者（S1 型）

這群員工對工作充滿熱情，願意學習，但技能尚未成熟。對他們而言，最大的激勵即是明確的指導與實務上的教練支持。你教他，他就學；你陪他，他就進步。

員工激勵象限圖

	能力低	能力高
意願高	**S1 型** 沒能力，有意願 領導行為：給予指導	**S4 型** 有能力，有意願 領導行為：充分授權，給予獎勵
意願低	**S2 型** 沒能力，沒意願 領導行為：冷處理	**S3 型** 有能力，沒意願 領導行為：了解原因，多多激勵

3. 有意願、有能力者（S4 型）

這類人才具備獨立完成任務的能力與主動性，領導者應授權賦能，並提供清晰的目標與對應的獎勵制度（如獎金、KPI 配套），讓他們在自主中前進。

4. 有能力、沒意願者（S3 型）

這是最值得投入心力的一群人。他們原本能力卓越，甚至被視為團隊中的「明日之星」，卻因不明原因變得消極、缺乏動力。針對這類人員，管理者應特別留意其心理狀態與動機變化，找出真正的問題所在，並給予個別化的激勵與關懷。

整體士氣下滑，從制度調整到文化轉型

除了個別狀況之外，當團隊的整體士氣下滑時，其中常見的原因是來自於制度上的缺陷，例如人事政策、薪酬獎勵機制、績效管理方式等。

此時，領導者必須從更宏觀的視角出發，針對制度面與文化面進行系統性的調整與引導。特別是當組織在追求業績目標的過程中，是不是對同仁產生過大的壓力？同時也缺乏相對應的資源補強或激勵措施，讓同仁感到疲憊、失望，甚至產生離職傾向。

例如，從事行銷公關工作常會因應客戶需求，需要同事支援加班與待命，讓人覺得這是一個高工時的苦勞。其實，我們公司每年的實際休假天數，比政府標準多出八到十三天。更棒的是，每年七月都有奧美人獨有的小暑假。

如果只有默默實施,而沒有清楚地向員工說明與強調這項福利,員工將無法產生正向認知,甚至可能對公司產生誤解。因此,當領導者投入資源,改善同仁們的薪酬與福利制度時,需要主動溝通,及時對內部充分布達,讓同仁明確感知與認同,以免錯失了提升整體士氣的機會。再次強調,「有效溝通」是組織變革成功不可或缺的一環。

　　除了顯性的制度問題外,團隊整體士氣低落更常肇因於無法公開的「隱性文化」。例如:團隊內部政治鬥爭、能量內耗;高層領導之間的矛盾,造成整體氣氛緊張;組織競爭力老化、僵化,缺乏活力與創新動能;或是遭遇無法預防的衝擊(如醜聞、財務危機等),導致員工對公司的信任基礎動搖。

　　當組織面臨上述的「士氣危機」時,領導者不能選擇逃避或靜觀其變,必須主動出面溝通。例如,率領高階主管團隊,開展團隊共識工作坊(team alignment workshop),誠實面對問題,釐清癥結所在。

　　藉由團隊力量制定新的行動方案,除了能夠藉此機會討論制度優化和推動開放式溝通的文化之外,員工也能感受到組織願意正視問題、主動變革的決心。甚至有的企業會邀請員工一起參與、塑造公司新的未來,真正想和公司一起打拚的員工往往也會重新燃起熱情,將危

機化為轉機,這也是激勵團隊士氣、凝聚向心力的重要契機。

高情商的激勵語言,不只是「好棒棒」

最後,回到領導者自身的 CI 溝通智能上。激勵的本質絕非不斷地說「你真棒」、「加油」、「你已經很好了」,彷彿激勵就是不斷地正向讚美、情緒鼓舞。事實上,有效的激勵往往來自於**深度回饋**與**誠實對話**。

你要讓對方知道:「你可以更好,而且我相信你可以。」真正的激勵,可能是你一句有建設性的提醒;也可能是你安排的一場幫助對方跨越自我懷疑的體驗;更是一種「你不孤單,我在你身後」的存在感。因為領導者的語言,可以讓人退縮,也可以讓人飛翔。

許多領導者明白回饋的重要性,卻常常卡在「怎麼說」。一句話說得不對,可能讓對方產生防衛、自責,甚至挫敗;但若能換個方式表達,就可以讓對方打開心房、願意思考,甚至主動提出改善行動。

我整理出幾個實用的高情商激勵語言,協助領導者在各種場景下,說出既有影響力、又溫暖的話語:

技巧1：否定不如引導

NG 版本：「不行，這個方法不可行！」

高情商轉換：「這個點子有點特別，你覺得如果我們這樣做，可能會有哪些後果？」

說明：與其直接否定對方的提案，不如以開放式提問，引導他們自行思考背後的邏輯與風險。這樣的對話不僅保留了對方的主動性，也強化了思辨力。

技巧2：改「命令」為「詢問」

NG 版本：「這不是昨天就該交的嗎？怎麼現在才給我？」

高情商轉換：「這件事的時程已經延遲，我可以理解是什麼原因。你評估一下什麼時候能完成，我可以怎麼幫你？」

說明：在工作進度延誤時，主管若一味責備，只會讓員工更加焦慮與抗拒。反之，若能以協助的語氣提出詢問，便能重建信任關係，並讓對方保有責任感。

技巧3:用承諾建立安全感

NG版本:「你就去做,別想太多!」

高情商轉換:「去試試看吧,我會在旁邊陪著你,遇到困難可以隨時來找我。」

說明:在面對高壓挑戰或跨領域任務時,員工內心往往充滿不確定感。這時候,比起推他一把,更有效的做法,是讓他知道你會在身後支持。一句「我在」,往往比任何獎勵更能激發勇氣;一句「我在你身後」,往往比一百句「你要快一點」更具激勵力。

技巧4:重點不是「你錯了」,而是「我們一起修正」

NG版本:「你這樣不對啊,為什麼要這樣做?」

高情商轉換:「如果我們改成這樣做,你覺得事情會不會更順利?」

說明:指責式的語言容易造成對方自尊受損,甚至導致冷戰與退縮。透過「我們」語氣出發,不但能化解對立,也更容易引導對方參與解決方案的共創。

用承諾建立安全感

一句「我在你身後」,
比一百句「你要快一點」更具激勵力。

技巧 5：讚美具體行為，而非空泛誇獎

NG 版本：「你最近表現不錯，加油！」

高情商轉換：「你這次提案中，資料整理得很清楚，邏輯也更緊密，這點我特別有感覺。」

說明：具體的讚美更有力量，因為它讓員工明白「我做對了什麼」，從而強化內部自信與學習方向。誠懇指出具體貢獻，也代表你真正「看見他」。

最終，已經是領導者，或是期許自己是未來領導者的你，請試著思考一下，激勵的目的是什麼？激勵，不是讓團隊開心一時，而是點燃他們心中那股尚未釋放的潛能。

每一位同仁的內心，其實都藏著一個更大的自己。而領導者的工作，就是成為那位「點火的人」，喚醒、引導、支持，讓這股熱情潛能成為事實。我們現在所做的一切，不只是激勵眼前的表現，更是在為未來培養值得信任的接班人。

激勵的目的

激勵，是點燃同仁心中那股尚未釋放的潛能。

PART 3

由心到口，
表達力的自我升級

Chapter 10

管理溝通能量──
界定對象，讓對話更輕鬆

管理自己的溝通能量，讓你的 CI 溝通智能不只是知識，而是可以持續創造影響力的實戰工具。

你有沒有計算過每一個工作日需要的溝通對象有多少人呢？無論你是上班族、部門主管，或是小企業主，每一天我們的步調都是從踏入工作場域開始。

在進到辦公室的那刻，遇到經過的同事，要不要寒暄呢？拿杯咖啡、倒杯茶時，可能也會自然地開聊幾句。回到座位上，你開始盤點今天需要溝通的人：也許是十位等著向你報告工作的部屬，也許是要你回報業績進度的老闆，也可能是等待著你更新服務狀況的客戶。

一場場的簡報、一通通的電話,從昨天的進度檢視到明天的計劃安排,工作上的每一個環節都需要你清晰地溝通。

偶爾,大老闆還會打來臨時交辦新任務。原本安排好的十件事,往往因為這些突發的對話和要求被打亂,這還不包括已排定的對外活動,像是客戶發表會、展售會,或者工商團體聚餐等。每天,我們要溝通的對象這麼多,話題這麼雜,時間總是不夠;更別說,穿插在會議、行程中,還有堆積如山的 Email 等著回覆。上了一整天班,疲憊似乎成了常態。

這樣的情境,我和每個人一樣,天天都在經歷。所以結束一天工作後的我,經常呈現「不想講話」的狀態,這反映了我的當天的溝通能量已經耗竭。好消息是每個人的時間與能量限制是公平的;壞消息是我們是否能夠善用、管理好這些有限資源,因為結果會產生巨大的差異。

管理溝通能量的第一步:界定對象

善用溝通能量,就是這場職場馬拉松中的關鍵。

透過管理自己的溝通焦點與投入節奏,不只可以讓每天的工作更順利,一週一週逐步達成目標,也能在每

一個月、每一年,乃至整個職涯生涯中穩健地前進,走向永續發展。對我個人而言,學會「管理溝通能量」是我在職場上受益匪淺的關鍵。

為什麼我要特別談「能量」呢?如同時間有限一樣,我們每一天可運用的溝通能量也是有限的。善用「80/20法則」──將八成以上的精力投注在最重要的人、最關鍵的事,以及最需要經營的對象上,才能確保溝通產生真正的價值。

那麼,什麼是重要?什麼又是相對不重要的?管理溝通能量的關鍵起點在於──界定你的溝通對象。

這一點,與企劃或專案管理的第一步非常相似──在做品牌策略還是規劃行銷活動,我們都會問:對象是誰?為客戶提供顧問服務時,也需要協助企業界定「利益關係人」(Stakeholders),然後釐清不同對象的影響力與優先順序。同樣的邏輯也適用於個人溝通能量的管理上,你需要釐清每天需要面對的溝通對象,並學會分門別類、建立順序。

我以自己的經驗來示範,協助你進行思考與整理。

1. 內部溝通對象

從組織架構上來看,內部溝通對象可以分為三類:

內、外部溝通對象

客戶　潛在客戶
創新研發　董事會
媒體　　　　　　法務
潛在員工　你　　　股東
　　　　　　　　行政
員工　總公司　政府
競爭對手　　商會

內圈為內部溝通對象　　外圈為外部溝通對象

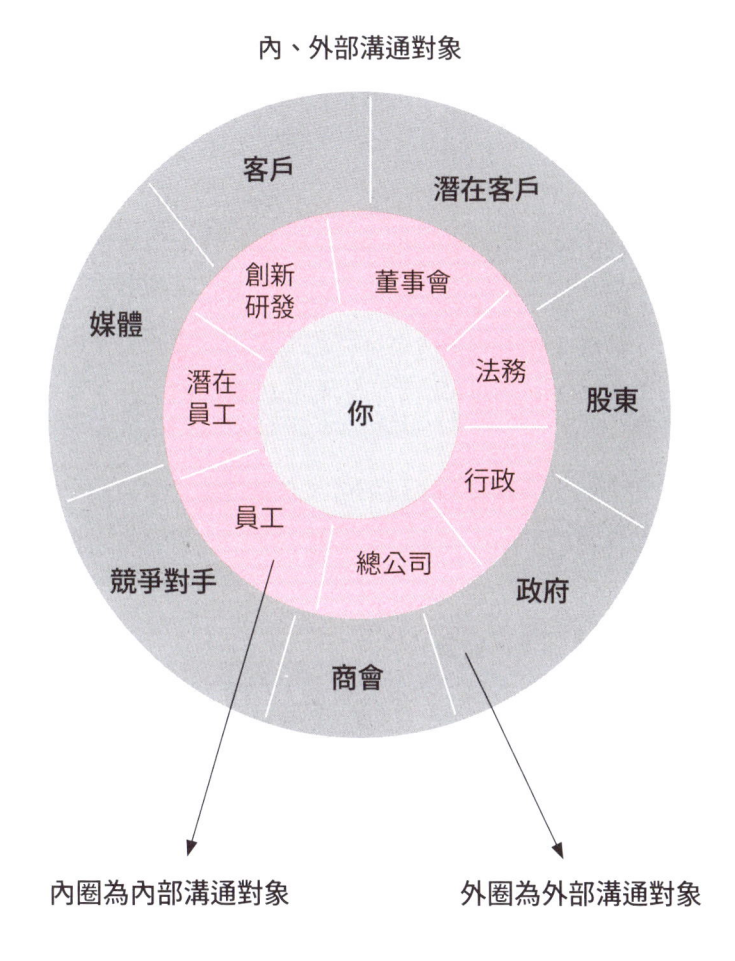

PART 3　由心到口，表達力的自我升級　167

- **向上管理的對象**：包括直屬主管、大老闆，甚至海外總部的主管。如果你有外籍老闆，他們同樣是你需要策略性互動的重要對象。
- **向下帶領的對象**：也就是你的部屬。不論是助理、小組，甚至是整個部門，只要你有領導責任，他們就會是你日常需要溝通、協作的核心角色。
- **橫向協作的對象**：跨部門的同儕也是不可忽視的一群。包括了財務、人資、行政、策略部門，甚至是創意或廣告公司或是外包協力人員。這些人在專案合作或組織運作中，有高度的倚賴與交流需求。

這些內部對象是「躲不掉」的溝通核心圈。在任何工作任務中，他們都有可能成為你成功或卡關的關鍵。

2. 外部溝通對象

他們是值得關注的重要對象，有助你影響力擴散的人脈圈：

- **現有客戶與潛在客戶**：他們是你工作的價值實踐者，既是服務對象，也是價值衡量的標準。
- **商業伙伴與供應商**：例如辦活動的廠商、顧問公司等。他們影響你能否如期如質地完成任務。

- **社群圈與同業互動對象**：參與讀書會、商會、專業社團等社群，不僅是關係經營的延伸，也有助於擴大個人影響力與視野。
- **媒體與 KOL（意見領袖）**：特別是在行銷、公關或品牌工作者的角色中，這些對象掌握話語權與輿論資源，需策略性地建立互動。
- **興趣圈的朋友群**：健康的工作來自平衡的生活。你可能有一群健身、打球、共學的生活伙伴，他們不直接影響工作產出，卻是能量恢復與心理支持的重要來源。

特別值得一提的是，如果在職涯中幸運遇到一位或兩位願意支持你成長的導師（mentor），務必要珍惜與他們互動的時間以，及這段關係，儘管他們不一定天天出現在你身邊，但他們的經驗、眼界與建議，都可能會成為你走過轉折點的明燈。

運用「溝通象限雷達圖」，分配溝通能量

盤點內部與外部的溝通對象，簡單列出名單還不夠，我們必須進一步地管理這些對象之間的「優先順序」，找出誰值得你投入最多的溝通能量？

溝通象限雷達圖（舉例）

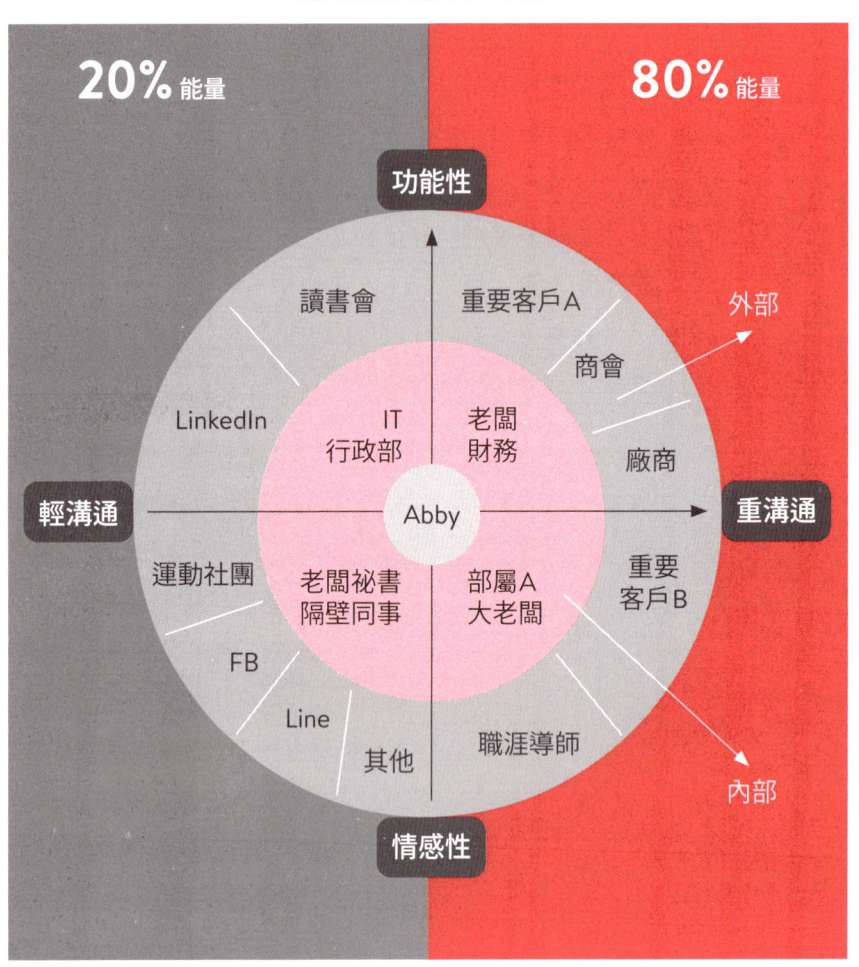

20% 能量　　　　　　　　　　　　**80%** 能量

功能性

- 讀書會
- 重要客戶A
- 商會
- LinkedIn
- IT 行政部
- 老闆 財務
- 廠商
- Abby

輕溝通 ←　　　　　　　　　　　　　→ 重溝通

外部 ↗　　內部 ↘

- 運動社團
- 老闆祕書 隔壁同事
- 部屬A 大老闆
- 重要客戶B
- FB
- Line
- 其他
- 職涯導師

情感性

溝通 4 象限

四象限意涵	特性	策略建議
重度溝通 ＋ 功能性	對任務成果極具影響力，需要密切的合作	定期開會、保持高密度資訊流通
重度溝通 ＋ 情感性	關係深厚、需要長期經營的伙伴	要注重關心與傾聽，以及保持信任連結
輕度溝通 ＋ 功能性	需溝通但任務比重低，可以偶爾關注	運用系統化工具來維持效率，如 Email、進度報表
輕度溝通 ＋ 情感性	關係和緩，但無立即的工作需求	視情況互動，可作為潛在資源，保持聯絡

資料來源：Emergenetics 全腦測驗

　　這裡提供一個很實用的「溝通象限雷達圖」，可以幫助你根據對象的重要性與溝通強度，做出最佳的能量分配。溝通象限雷達圖是一張十字形座標圖，由兩條軸線構成，橫軸代表「溝通強度」，從左至右，從「輕度」到「重度」。簡單說，左側是那些你可以偶爾互動、用少量精力就能應對的對象；右側則是需要你投入大量心力、密集互動的重點人員。縱軸代表「溝通屬性」，從

上到下分為「功能性溝通」與「情感性溝通」。

「功能性溝通」強調的是任務執行與專案推進，例如協助你完成專案的協作伙伴或部門窗口；「情感性溝通」則是涉及關係的經營與信任的累積，像是導師、老闆、資深同仁，或是需要建立深度連結的重要人脈。

至於「情感性溝通」的對象，這些人對你的職涯成長雖有一定連結，但當下並非核心關鍵人物，因此你不需要投注太多能量經營。但如果未來你有更多時間與資源，這些人仍是值得逐步發展的對象。

當這些角色座落在各自的象限中，有助於讓抽象變成具體，讓選擇變得清楚，能夠幫助你了解這個人對你來說的「功能性」與情感連結，而你也能聚焦分配有限的能量。在了解你的溝通象限雷達圖的分類邏輯後，接下來要做的是，在四個象限中標示出你真實生活中會接觸到的溝通對象。

運用 80 ／ 20 法則，管理溝通能量

請將你 80% 以上的溝通能量，集中在右半部「重溝通」的上下兩個象限，這些人會是你工作成果與職涯發展的關鍵角色。無論是為了完成任務或經營關係，他們都值得你投注時間與心力去理解、支持與回應。

實際上該怎麼標註呢？以我個人的實例作為參考。

我有兩位主管，一位是我日常工作的直屬上司，他是我 KPI 的評估者、資源的配置者，也是我工作成功與否的重要關鍵。對我而言，他是一位需要高度溝通的對象，而且溝通內容以功能性為主，因此我會將他放在右上象限（重度溝通＋功能性）。

另一位是遠在海外的國外老闆，我不會與他經常見面，但他是我在國際資源、視野與品牌發展上的強力後盾，給予我高度的支持與期待。他對我極其重要，但我們的互動更著重於價值觀認同與信任感的培養，因此我會將他放在右下象限（重度溝通＋情感性）。由此，我們可以利用溝通象限雷達圖的分類，歸納出溝通能量管理的第一項原則：

原則 1：老闆的位置不同，互動策略也不同

那麼，部屬要怎麼分類呢？如果他是你團隊中高度協作的伙伴，除了工作任務還涉及關係的經營與引導，這時你可能會發現他不只重功能、也重情感，甚至在某些時候，你與部屬相處的時間還超過了家人。這樣的對象，建議你可以將他放在象限交界處的中心點，表示你需要以「全方位」的方式與他互動──即具備高密度的任務協作，也需要長期信任的關係累積。

由此，我們可以利用溝通象限雷達圖的分類，歸納出溝通能量管理的第二項原則：

原則 2：部屬的定位，取決於合作深度

假設你每天早上經過茶水間，總會遇到一位行政部的同仁，雙方偶有寒暄，但並沒有太多直接合作。這樣的對象，你可以將他放在左上象限（輕度溝通＋功能性）。他可能在某些會議中與你有交集，但不需要經營額外的情感關係。

但如果我遇到的是財務部同仁呢？事情就不一樣了。若他正是負責你部門預算和成本的重要協作對象，就應該被放在右上象限（重度溝通＋功能性）。

同樣思維，若這位行政部同仁是每天坐在你旁邊的秘書呢？他協助你個人安排日常事務、處理行政細節，那麼自然會被放在「重度溝通＋功能性」的右上象限。

可是，如果他是你老闆的秘書呢？情況就截然不同了。他可能是你與老闆之間的橋梁，擁有資訊流動的關鍵影響力。這時他的角色極可能屬於「重度溝通＋情感性」的右下象限。協作對象的座落位置取決於他對你日常運作的重要性，需要依據實際互動關係來判斷的例子。由此，我們可以利用溝通象限雷達圖的分類，歸納出溝通能量管理的第三項原則：

原則 3：同事與秘書，要看位置也要看影響力

至於外部對象，則會根據對方的影響力決定象限位置，我自己的分類如下：

- 一位日常密切合作的客戶窗口，如果你與他溝通十分順暢、合作密切，就會是「重度溝通＋功能性」。（右上）
- 一位客戶與你合作三、五年以上，彼此高度信任，他也可能跨入情感性溝通區塊或具備雙重屬性。（右上＋右下）
- 如果是每三個月才參加一次的商會，它對你來說可能只是「輕度溝通＋功能性」的對象。（左上）
- 一群情感連結深厚的商界朋友，每週組成的讀書會是你「重度溝通＋情感性」的支持系統。（右下）

根據這樣的溝通象限雷達圖，你會發現同樣是「讀書會」或「商會」，被放在哪個象限並不取決於它的名稱，而取決於它對你人生與工作的影響力，這有助於判斷哪些活動或團體才是值得投入時間持續參與的。由此，我們可以利用溝通象限雷達圖的分類，歸納出溝通能量管理的第四項原則：

原則 4：活動或團體取決於對人生與工作的影響力

管理溝通能量的第二步：設定溝通頻率

溝通象限雷達圖是靜態平面的呈現能量分配的重要依據，但是溝通能量是動態表現，因此管理溝通能量的下一步，就是設定溝通頻率，決定你能量投入的節奏。例如：

- 有些對象（如助理、核心部屬）可能需要**每天**互動
- 有些人（如專案協作同儕）則只需**每週**溝通一次
- 更外圍的對象（如策略合作夥伴或資源提供者），也許**每月**聯繫一次即可。

當你知道溝通對象與溝通能量安排的「輕重緩急」時，不僅能避免被「來者不拒」的雜訊壓垮，也能讓你更有系統地安排時間；或是被某些「輕溝通」對象過度打擾時，也能快速意識到，這不是當下最該投入的能量區塊，需要即時調整互動方式，減少無效社交。

相對地，你可能也會發現最值得你投入的是和老闆談目標、是和部屬談成長，因為當你幫助部屬跑得更快，老闆自然會給你更多支持。

職場的人際關係時時刻刻都會改變，你的職涯階段也會改變，互動也會跟著改變；角色的影響力會改變，

圖上的座落位置自然也需要調整。因此你的溝通象限雷達圖，不會只是一次性的分類工具，而是一個可以週期性檢討與調整的動態儀表板。

建議你藉由這張溝通象限雷達圖，定期審視：

- 有沒有新的對象值得放進圖中？
- 有沒有人已經不再那麼關鍵，應該挪動或移除？
- 在你的社交與人際關係網中，有沒有值得「斷捨離」的互動？

動態調整自己的人際經營策略，會讓你溝通的時間與能量用在值得的人身上。

> 你可以這樣練習

填寫溝通象限雷達圖

請畫出你一週內經常互動的「溝通象限雷達圖」,分成內圈與外圈,並思考:

1. 這些人是否都有明確的溝通策略?哪些人你溝通過度?哪些人被忽略?
2. 你是否把太多時間花在「最折騰你」而不是「最關鍵」的人身上?
3. 你是否花太多精力在社群媒體上,而忽略了真實的人際互動及交流?
4. 明天開始,你願意為了誰多花一點時間?又需要少分一些心力給誰?

20%　　　　　　　　　　80%

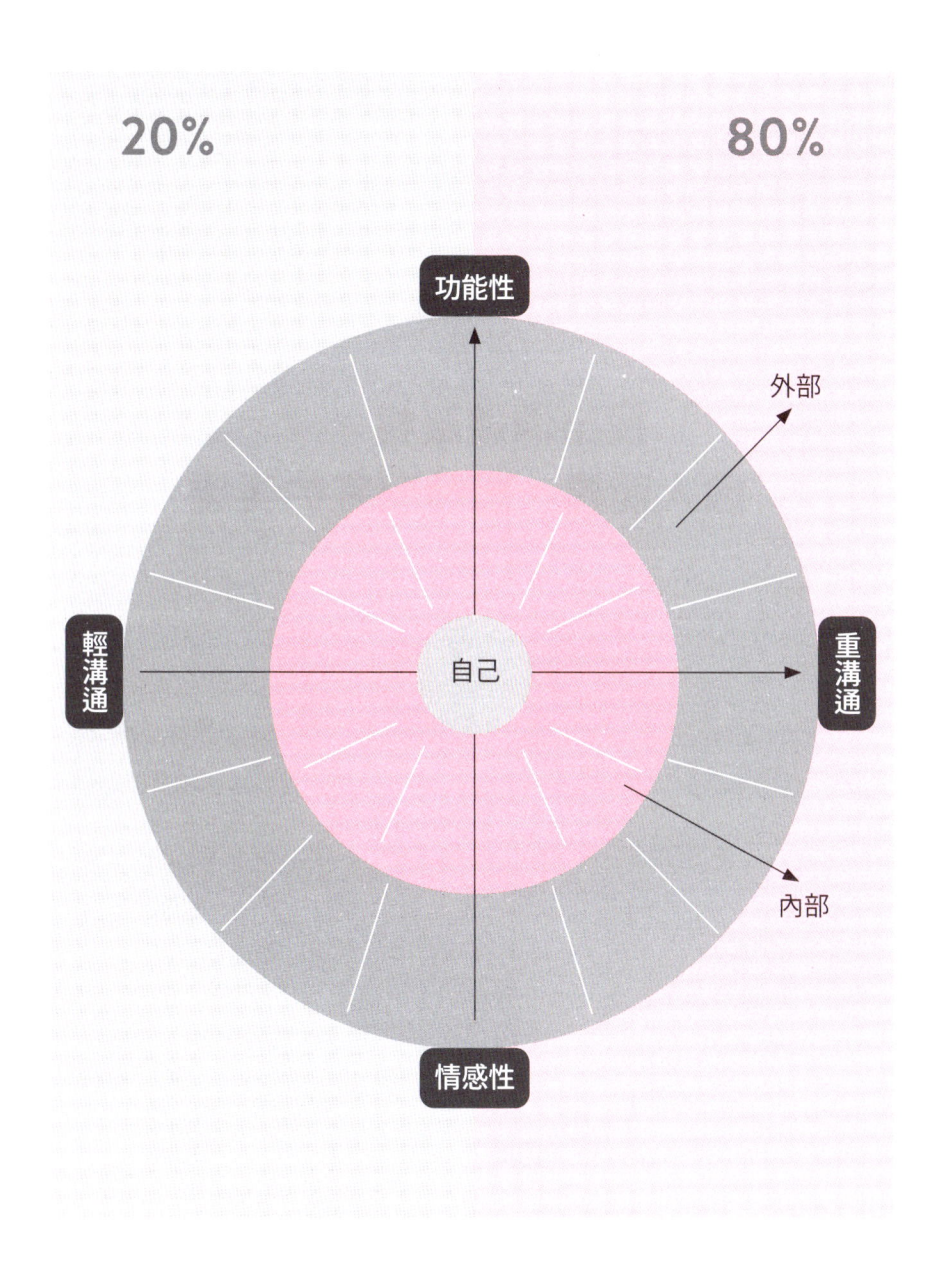

功能性

外部

輕溝通　　　　自己　　　　重溝通

內部

情感性

Chapter 11

找出溝通風格——
因人而異、因時制宜的表達

真正的溝通高手,不是堅持自己的表達風格,
而是懂得因人而異、因時制宜。

懂得閱讀空氣,往往會在群體中展現出令人羨慕的一面——Hold 得住全場。尤其是進入陌生情境,即使面對一群陌生人,也能夠有條有理地掌握節奏溝通,甚至說服對方達成共識。這樣的人可稱得上「高 CI」(高溝通智能)的人。

CI 溝通智能看似天賦,實則不然,雖然稱之為「智能」,卻無法像智力測驗一樣能具體數字化,判別高低。不過,溝通智能卻可以藉由性向測驗,讓抽象的人

格特質具象化,幫助自己建立起有效溝通的能力。

其中,對我影響最深的是「Emergenetics 全腦思維測驗」。這個系統不僅讓我了解自己的溝通偏好,更重要的是,它教會我如何辨識他人的溝通風格,並根據對方偏好的訊息接收方式來調整自己的表達。其核心理念為:「每個人的思考模式及行為表現,源自基因遺傳（Emergenetics）及後天經驗（genetics + experience）的結合。」印證每個人都是獨特的。

正因為每個人都擁有某種優勢,這並不意味著他人就缺乏能力;每個人的理解方式不同,也成為團隊多元性的來源。所以在進行團隊溝通時,應該欣賞那些與自己意見不同、能提供新觀點的成員。

Emergenetics 測驗將人的溝通特質進行初步分類,雖然測驗無法涵蓋個體的全部細節,但作為了解自我與他人的工具,提供了極具參考價值的結構。尤其對管理者而言,有助於**看見所有人的優點,將缺點視為中性特質**,願意接納團隊中比自己優秀的地方,將個人能力轉化為整體優勢,進而打造一個強大的團隊。

Emergenetics 的 4 大溝通風格

　　Emergenetics 測驗以「思考維度＋行為維度」為軸線，分為四大象限並區分出四種溝通風格，而且以知名人物為代表，更能幫助你掌握如何溝通策略。

1. 概念型／黃人──重視「假如⋯⋯會怎樣」(WHAT IF)
　　屬於擴散性思考者，偏好創新、願景與策略性的大格局思考，他們溝通的起點往往從「WHAT IF ?」開始，熱中於探討使命感，也喜歡從不同角度探索未來可能性，習慣跳脫框架提出新點子。

代表人物：賈伯斯（Steve Jobs）與馬斯克（Elon Musk）。這兩位科技巨擘，不僅創造了顛覆性的產品，更以「改變世界」作為人生使命。他們展現了概念型人對意義的熱情與創新驅動。

2. 人際型／紅人──重視「誰」(WHO)
　　思維屬於擴散型，善於與人互動，重視人際關係，卻同時對「誰是自己的溝通對象」有所選擇與界定。這些人開啟對話時，最關心的往往是：「我和誰一起做這件事？」他們重視情感連結、團隊氛圍，具備高度的同理心與溫暖的影響力。

Emergenetics 四大人格

類型	主要關注	核心提問
概念型／黃人	願景、使命、創新	WHAT IF（假如……會怎樣）
人際型／紅人	人際關係、情感	WHO（誰）
分析型／藍人	邏輯、策略、數據	WHY（為什麼）
結構型／綠人	行動、計劃、執行	HOW（如何）

代表人物：歐普拉（Oprah Winfrey）。作為知名脫口秀主持人與影響力人物，她展現出極強人際感知力與關懷精神，總能觸動觀眾心靈，建立深厚的信任與情感共鳴。

3. 分析型／藍人──重視「為什麼」（WHY）

「為什麼要做？我們該怎麼做？」是分析型人溝通的起手勢，他們屬於邏輯至上，用數據說話與高度聚焦的人，擅長理性分析，喜歡從複雜的資訊中梳理脈絡，尋找解決問題的策略。做決策時注重系統性與準確性，習慣深入理解事物背後的道理，強調理性與精準。

代表人物：比爾‧蓋茲（Bill Gates）。這位微軟創辦人以嚴謹的邏輯與技術策略，將個人電腦帶入全球，展現了典型的藍人思維──分析與解決問題的能力。

4. 結構型／綠人 —— 重視「如何行動」（HOW）

「你的行動計畫是什麼？有時間表嗎？誰負責執行？」位於左下象限的結構型人，屬於高度落地、具體與組織性的思考者。他們不僅計劃周詳，還能將複雜的事務拆解為明確的步驟。甚至習慣建立 SOP（標準作業程序），善於確保目標得以按部就班地實現。

代表人物：沃倫・巴菲特（Warren Buffett）。「股神」的名號是因為紀律嚴謹的投資策略而著稱，展現出結構型人對計劃性與行動力的卓越掌握。

在我工作場域裡，我們常用「黃人」、「紅人」、「藍人」、「綠人」來形容彼此的溝通偏好，就像現在流行的 MBTI 中的 E 人、I 人一樣，甚至以下的語言也成為工作時的日常默契：

「你覺得這位客戶是紅人，還是黃人？」

「這個專案需要綠人來規劃。」

不過在這裡，為了更為直觀的文字呈現，接下來我們分別把注重 WHAT IF 的稱為概念型人，著重 WHY 的稱為分析型人，重視 WHO 的稱為人際型人，看重 HOW 的稱為結構型人。

3 大觀察技巧辨識他人的溝通風格

當我們掌握自己的溝通風格之後,下一步便是學習辨識對方屬於哪一類型。這不僅能提升溝通效率,更能主動建立起符合對方偏好的互動方式,進階到 CI 溝通智能的高階能力。以下是三個實用的辨識技巧:

技巧 1:善用公開資訊,蒐集背景線索

在這個資訊透明的時代,幾乎每個人都在社群媒體上留下了豐富的足跡,或曾在媒體上分享過自己的故事。透過搜尋引擎、社群平台或公開報導,我們可以了解對方的背景與經歷、重視的價值觀、過去的專業與興趣等。這些資訊能提供初步的線索,幫助我們預測對方的溝通風格與在意的重點。

技巧 2:觀察外在行為與非語言訊息

從網路或社群建立的個人印象,很容易被對方的「人設」誤導,因此實際互動與現場觀察更為重要。可以從以下方面進行解讀:包括穿著與打扮,如果衣著飾品色彩豐富、造型大膽的人,可能偏好概念型或人際型導向;著裝嚴謹、風格單一者,可能偏好分析型或結構型風格。

Emergenetics 四大人格象限圖

抽象 ↑
聚焦 ← → **擴散**
具體 ↓

藍人 — 分析型 （WHY）
重視要做對什麼
- 愛問為什麼
- 邏輯思維
- 解決問題

黃人 — 概念型 （WHAT IF）
重視事情的意義
- 喜願景（有想像力）
- 想法開放
- 喜歡變化

綠人 — 結構型 （HOW）
重視如何正確做
- 務實思考
- 凡事明確
- 不喜改變

紅人 — 人際型 （WHO）
重視跟誰一起做
- 人際關係佳
- 感知能力強
- 具備同理心

還有肢體語言，動作豐富、手勢明顯者，通常偏好概念型或人際型；動作拘謹、眼神銳利者，可能偏好分析型。甚至工作空間也能透露訊息，例如座位整潔有序者，往往具備結構型特質；工作區域充滿創意元素或較為隨興者，可能偏好概念型或人際型。

技巧 3：問對問題，讓對方揭露偏好

　　當我們掌握了初步線索，可以主動拋出問題，觀察對方的回應方向。例如：「今天很高興見到您，我準備了幾個不同的主題，您有沒有特別想先聽哪一部分？」

　　這樣的破題技巧能夠展現尊重，讓對方優先選擇，表達重視他的需求。而他的選擇與回答，可以讓你順應他的偏好調整簡報或對話順序。

　　更重要的是，在這一回合，表面上讓對方決定，實際上你透過引導掌控了對話的情緒與方向，不僅符合對方的溝通習慣，也大幅提升說服與協作的成功機率。

　　日常的每個細節都是訊息，重點在於你能否讀懂。循序漸進的透過資訊蒐集、行為觀察與巧妙提問，我們可以逐步培養出升級版 CI 溝通智能。這不僅是一種識人技巧，更是一種靈活調整與管理溝通能量的智慧和能力，使我們能在不同的對象、場合與任務中，達成更有效率且具影響力的互動。

當注重 WHAT IF 的概念型遇到……

認識四種溝通風格及其核心特質後,如何依據你自己的個人類型與他類型的伙伴建立溝通與高效合作呢?

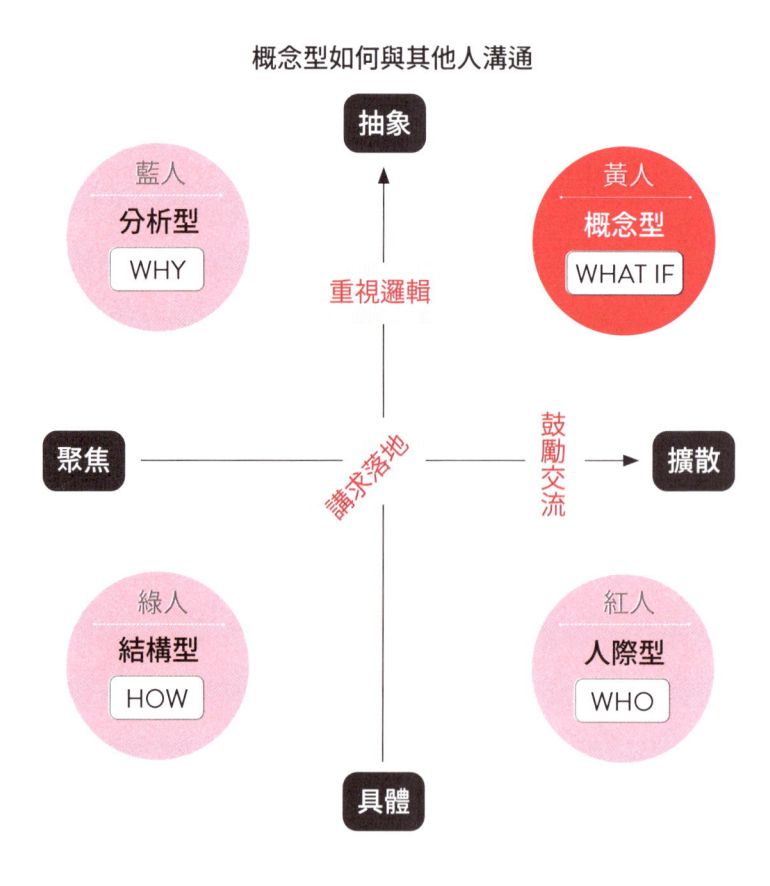

概念型如何與其他人溝通

抽象

藍人	黃人
分析型	概念型
WHY	WHAT IF

重視邏輯

聚焦 ──── 講求落地 / 鼓勵交流 ──→ 擴散

綠人	紅人
結構型	人際型
HOW	WHO

具體

概念型 vs. 分析型――以邏輯支持願景

挑戰：分析型需要事實、邏輯與數據支持，而概念型的「夢想」常被質疑可行性，若雙方能「對頻」，就可將創意轉化為具體、邏輯嚴謹的發展藍圖。

溝通：概念型可邀請分析型討論目前市場與競爭狀況，看此想法是否可行，並接受推理過程，主動參與對方的邏輯推演，將願景細化為策略步驟。

概念型 vs. 結構型――給予對方安定感

挑戰：結構型重按部就班、落地執行，而概念型的天馬行空令他們焦慮，所以要降低對方的抗拒感，讓結構型願意聽取創意並共同尋找可行路徑。

策略：概念型可以先坦誠：「我知道我的想法可能會讓你覺得焦慮，但請先聽我說完，再一起討論如何落地。」並且表達尊重：「我理解時間與資源的限制，也很願意和你一起將想法具體化。」

概念型 vs. 人際型――建立安全感，鼓勵坦誠

挑戰：人際型重視情感連結，概念型容易滔滔不絕，導致人際型只能被動聆聽。如雙方能坦誠進行真實意見的交流，可提升討論品質。

策略：概念型可授權：「等一下如果你不同意，可以直接說，我不會玻璃心。」並且鼓勵回饋，強調意見交流的價值，讓人際型感到能放心跟你說實話。

當著重 WHY 的分析型遇到……

習慣問「為什麼？」的分析型人以邏輯、條理、策略思維著稱，是團隊中不可或缺的「理性骨幹」。

分析型如何與其他人溝通

	抽象	
藍人 **分析型** WHY	給予具體協助	黃人 **概念型** WHAT IF
聚焦 —— 授權細節 ／ 給予情感支持 —— 擴散
綠人 **結構型** HOW		紅人 **人際型** WHO
	具體	

分析型 vs. 概念型——協助將夢想落地

挑戰：概念型熱中討論「創新」與未來願景，缺乏落實策略。分析型可扮演夢想的「結構師」，避免直接打斷對方的創意，但要以邏輯、策略促成具體成果。

策略：分析型給予正面認可：「我欣賞你總是有新想法。」但引導對方落地：「我們可以一起把這些創意轉化為可行的步驟，讓團隊能理解並執行。」

分析型 vs. 人際型——尊重情感，設溝通邊界

挑戰：人際型重視情感交流，喜歡有溫度的互動，分析型傾向單刀直入，容易讓對方感到被拒絕，溝通時需說明這是工作效率上的選擇，以減少誤解。

策略：分析型先說明現況：「我知道你重視情感交流，但今天時間有限，能否先討論重點？」並且給予理解：「我理解你的用心，之後可再花時間多聊彼此近況。」

分析型 vs. 結構型——策略與執行的最佳拍檔

挑戰：分析型和結構型在工作邏輯上自然契合，但雙方仍需明確界定策略與執行的分工，確保每個細節都可控、可衡量。

策略：分析型提出策略性提案，清楚說明大方向與目標。結構型協助拆解步驟：「Who do what by when」（誰、做什麼、何時完成），並拉出時間表、甘特圖或 Excel 表格，逐步檢視進度。

當重視 WHO 的人際型遇到⋯⋯

喜歡問「你還好嗎？」的人際型善於人際互動，在與不同思維風格的伙伴合作時，應特別注意情感與理性之間的平衡，不以情緒反應解讀。

人際型如何與其他人溝通

抽象

藍人
分析型
WHY

黃人
概念型
WHAT IF

聚焦 ← 直接對焦 一搭一唱 → 擴散

表明重點

綠人
結構型
HOW

紅人
人際型
WHO

具體

人際型 vs. 概念型——同理創意，促成具體合作

挑戰：概念型思維跳躍、重視創意，易忽略團隊需求與人際感受。人際型可因無法立即理解而焦慮。

策略：人際型先表達正面認可：「你的創意總是讓人耳目一新，是我欣賞的特質。」再提出行動建議：「現在要不要討論看看，找哪些伙伴幫助我們逐步實現？」

人際型 vs. 分析型——搭建情感橋梁，平衡理性

挑戰：由於分析型偏好直接切入重點，可能忽略人際關係的情感需求。反之，人際型若缺乏情感反饋，容易誤解對方為冷淡或排斥。

策略：人際型先尊重對方的邏輯性：「我們先討論你關心的數據與事實，之後我也想聽聽你的想法。」然後發出情感提示訊息：「完成這個專案後，我們找時間大家一起慶祝，放鬆一下。」

人際型 vs. 結構型——尊重流程，注重情感回饋

挑戰：結構型重視結構、計劃與步驟，討厭模糊或冗長的溝通。如果人際型過於情感導向，可能讓結構型感到效率受阻。

策略：人際型先給予正面認可與配合：「你的時間管理和細節把控真的讓人放心。」或是「我已經準備好更新的進度，隨時可以報告。」再給予情感支持：「謝謝你這麼細心，改天咖啡我請！」

當看重 HOW 的結構型遇到……

溝通時，腦子裡早有「一、二、三……」點的結構型會拿出 Excel 行程表，詳細規劃每天的時間、地點、行程與預算。別人是否能和他們一起照表操課呢？

結構型如何與其他人溝通

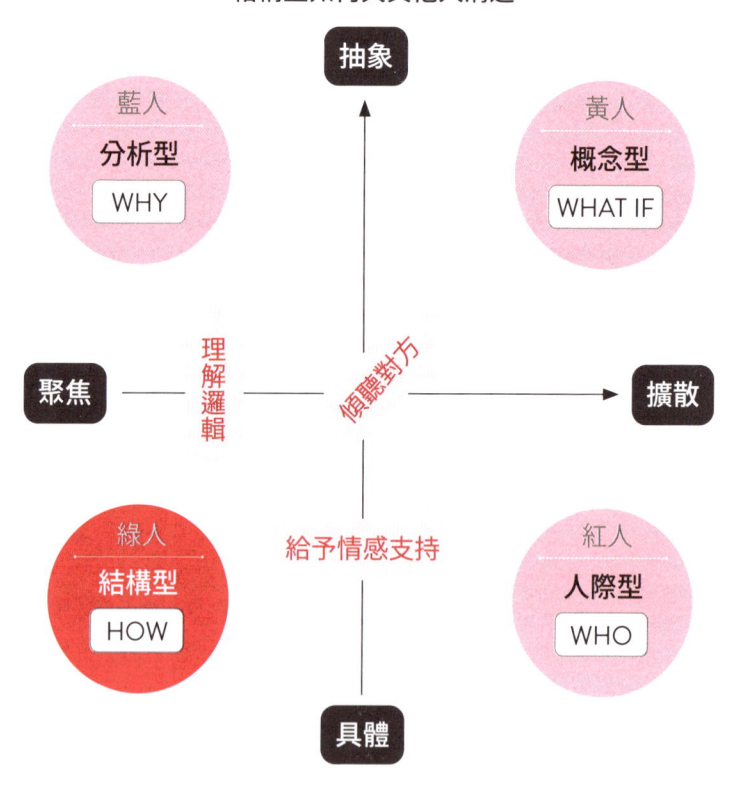

```
                    抽象
                     ↑
   藍人                        黃人
   分析型                      概念型
   WHY                        WHAT IF

         理解邏輯    傾聽對方
  聚焦 ─────────────┼────────────→ 擴散

              給予情感支持
   綠人                        紅人
   結構型                      人際型
   HOW                        WHO
                     ↓
                    具體
```

結構型 vs. 人際型——平衡細節，不忘人際關懷

挑戰：人際型重視情感與關係，開場常先進行情感交流，很容易讓重視效率的結構型感到不耐或分心。

策略：結構型可先給予情感回應：「我很珍惜你對團隊的用心，這讓合作更順利。」再建立邊界：「我們先快速討論今天的進度，等處理完可以再好好聊聊。」

結構型 vs. 概念型——將創意轉為可執行行動

挑戰：重視計劃與穩定的結構型，會對概念型熱中的創意與願景，以及變動頻繁，感到焦慮與無所適從。

策略：結構型可以先設定邊界：「我們能否先確認幾個最重要的想法，再討論如何實行？」然後請求配合：「如果能提供時間表與資源需求，我會更有效率地幫你落實。」

結構型 vs. 分析型——邏輯與執行的最佳拍檔

挑戰：雙方思維相近，合作順暢，但有時過度注重細節或過於謹慎，導致缺乏彈性與創新。

策略：結構型和分析型可以同步計劃：「我們的策略已經明確，我來協助把它拆解成可執行步驟。」但記得保持彈性：「如果中途出現變化，我們可以一起調整，不影響最終目標。」

> 你可以這樣練習

劃世代的科學讀心術：
Emergenetics ® 測驗（全腦思維偏好）

　　Emergenetics® 是一套結合超過三十年腦神經科學與社會心理學研究的測評工具，由社會心理學家 Geil Browning 博士與 Wendell Williams 博士共同開發。協助我們了解自己與他人在思維與行為上的自然偏好。報告清楚地呈現四種我們每個人都具備的四種思考偏好（分析、結構、人際、概念）與三種行為特質（表達、堅定、變通），這些區分的定義不在於標籤人的個性或性格，更與能力無關，反而是從科學的角度揭開我們的學習天賦與發展潛能。

　　用 Emergenetics 的角度可理解成「用對方喜歡的方式，來表達你對他的重視」。這不光詮釋了同理心與個別差異的尊重，更是 Emergenetics 專注在提升溝通、解決衝突、發展領導力與打造高效團隊的核心精神。

> 相關資訊說明

https://t-cacc.com/emergenetics/

在人際溝通中願意主動了解他人，也懂得欣賞他人不同的優勢，永遠是成就協作與創新的第一步。讓 Emergenetics 陪你看見「為什麼這麼做」的背後邏輯，打開理解與連結的新視野。

特別適用於：

☑ 組織內部建立共通語言
☑ 領導者識別團隊優勢
☑ 增進跨部門溝通
☑ 規劃高效合作模式
☑ 教育現場、親子溝通

實務案例：全球許多企業包括 Intel（英特爾）、IBM（國際商業機器）、Microsoft（微軟）、citizenM 酒店、JLL（仲量聯行）、Micron Technology（台灣美光）、Samsung（三星）等，都將 Emergenetics® 作為內部團隊優化、領導者培訓與溝通管理的工具。

利用「簡易版 EG 快篩測驗」，
找出你自己的溝通風格！

Chapter 12

你的溝通說明書——
快速表達自己，展現誠意

猜測是最無效的溝通策略，坦誠才是互信合作的開始。

前陣子，我買了一台全新微波爐，號稱除了微波加熱、解凍外，還可以旋風燒烤、蒸煮、氣炸⋯⋯機器面板上還標註了多種食譜模式，我很興奮地看完附贈食譜後，充滿了可以大幅提升廚藝的信心。

準備使用後，才發現不是只按面板的食譜模式就能啟動，於是翻開了使用說明書，才知道如果要燒烤，得先切換到燒烤模式；如果要蒸煮，則是先將水箱加滿飲用水⋯⋯看來我的「微波大廚」之路，真的不如當初想

像的那麼簡單啊。

這個經驗也讓我立刻聯想到,在職場上,當我看到新進員工擁有漂亮學經歷的履歷表時,自然地對於未來合作充滿期待,但是當開始工作互動後,才發現要和對方「溝通」,還是得先經歷了解對方的溝通風格,才能知道該如何溝通互動。同時,還要先讓對方了解我的個性與工作要求,以便縮短磨合的過程。

前面章節中,我們分析了四種不同的溝通風格,那是用來幫助我們如何理解他人的。但是溝通的另一端也同樣重要——如何讓自己被對方理解。畢竟,對自己最了解的人就是自己。因此,我鼓勵你深入認識自身的溝通特質,並且將這些特質根據「溝通能量」原則,清楚地傳達給你會使用 80% 溝通時間的少數關鍵人物身上,主動讓這些人理解你是誰、你的溝通方式,以及如何與你進行最有效的互動。

展現個人溝通說明書的 3 大情境

在人際互動中,若能提供一份「個人溝通說明書」,可以讓對方便能迅速掌握與你互動的最佳方式,提升彼此合作的順暢度與效率。什麼時候需要展現這份

說明書呢？我會運用三大情境來說明：

情境1：建立合作關係，提升工作效率

在需要密切合作的場合向同事說明你的溝通風格，可以大幅提升工作中的共識與效率。

情境2：展現領導風範，快速達成共識

當你成為主管或團隊領導者，需要與多位成員進行溝通時，如果出現溝通效果不佳，就可以製作一份包括自己的工作喜好、擅長領域、溝通偏好，甚至潛在弱點，以及期望團隊如何支援你的個人使用說明書。用開放與誠實的態度讓別人理解你，不僅展現領導人的風範，也能迅速贏得團隊的信任與尊重。

情境3：對外合作，需要擴大影響力

尤其是當你的角色轉向更具影響力的階段，別人期待從你身上學習，了解你的價值觀、工作風格，這時候說明書能作為他人快速了解你的指南，降低誤解，提高合作的成功率。

當我與同事分享包含個人溝通風格與價值觀的說明書時，會開誠布公地說：「醜話說在前面，我是一個『大

黃人』（概念型），喜歡天馬行空的創意，請不要介意。但是只要時間允許，我總希望把事情改到最好。因此，有需要討論的事項，請盡早告知，讓我有充分時間做出最佳決策。」

我也不避諱揭示自己的缺點，希望坦誠相告可以與團隊共同尋找最合適的工作方式。這樣的透明與合作，讓團隊成員更能理解彼此的期待與邊界，大大提升了團隊的協作品質。

當我第一次將自己的溝通說明書呈現給團隊時，成員的回應是：「原來你是這樣的人，我就不需要猜了！」透過製作並主動分享我的溝通說明書，我發現了三個明顯的改變：

改變1：團隊成員減少揣測與猶疑

他們不必再揣測我在想什麼，也不用擔心哪些行為可能會讓我不悅。因為我已經很明確告訴他們，我偏好的工作方式、我重視的原則，以及如何最有效率地與我合作。

改變2：團隊能更主動運用我的優勢

當成員知道如何與我互動時，他們也可以適時尋求我的協助，讓我成為最能支持他們的主管。

改變 3：建立開放透明的合作氛圍

　　這份說明書讓雙方的期待變得具體清晰，減少誤會而促進更高效的溝通。

　　正因為這些正面經驗，我非常期待與各位分享「個人溝通說明書」的方法。值得強調的是，這不是一種制式的模板，每個人的說明書內容可以依個人需求自由增減、靈活設計，以符合自身的溝通風格與工作情境。

個人溝通說明書親身實作

　　我以自己作為例子，公開我的個人溝通說明書，雖然等於展示我的「溝通 X 光片」，但我相信，真誠與開放是良好合作的基石。所以，當你下次與我互動時，只要記得我的溝通說明書，自然就能避開我的雷點，並用最合適的方式進行溝通。這不只是提升效率，更是我們彼此尊重與理解的象徵。

　　撰寫個人溝通說明書，有四項基本要素：

個人資訊、溝通風格、價值觀、溝通地雷

　　但是要以哪個為核心呢？也就是要怎麼定調「我」這個人。

我定調自己是一個「以終為始」來思考的人，就像我在上本書《「懂事」總經理的 30 個思考》特別談到自己的座右銘，或者更具象地說，是我的墓誌銘：「誠人之美」。

　　因為我希望有一天當我離世，人們記得我是這樣的一個人：助人成功，成就他人之美。

　　因此在我的個人溝通說明書中，會把核心概念放在「誠人之美」上，並圍繞幾個重要面向來呈現，希望自己被理解，並可以邀請伙伴一起成就彼此。下頁將分享我的個人溝通說明書。

誠意分享，有助於建立信任

　　為什麼別人會在意你的說明書？

　　當你主動、誠意十足地分享自己的特質時，對方會感受到自己被重視。這樣的舉動，常常能引發對方的回應：「既然你這麼坦誠對待我，我也應該更用心了解你。」這樣的良性互動，有助建立更穩固的信任關係。

　　我重視直接而平等的溝通，如果同事有意見或建議，我也鼓勵他們直接來找我，而非透過第三者傳達。所以我明確告知團隊：「只要你願意開口，我一定會認真聽，絕不記恨。」

謝馨慧（Abby）的個人溝通說明書（舉例）

1. 個人資訊：包括了自我介紹與象徵語言
- 姓名：謝馨慧（Abby）
- 星座：太陽天秤、上升雙子、月亮牡羊
- MBTI：可依需求標示

說明：星座語言雖通俗，但它已成為現代社交中的共同語彙，可以幫助他人快速理解我的個性特質。而新世代熱中的 MBTI 人格分析也能放上，讓年輕夥伴能夠快速了解我的行為傾向與思考方式。

2. 溝通風格：協助他人在與你溝通時採適當策略
- **概念型／黃：**
  擁有願景與夢想，喜歡創造與造夢
- **人際型／紅：**
  擅長人際互動，重視關係的溫度
- **分析型／藍：**
  重視邏輯策略及理性溝通

邏輯導向：具備良好的邏輯思維能力，尤其在提案與客戶溝通時展現。

說明：總結，當夥伴知道我偏好「黃、紅、藍」色風格，對方應該先說明接下來的方向及未來發展，「為什麼要做這件事」，而不是直接討論細節。

3. 價值觀：揭露隱性特質

根據專業測評，我的核心價值觀包括：

感恩、學習、利他、創意、對未來抱持希望

(說明)：這些價值觀是我做決策、建立關係，以及設定目標的行動指南，有助於別人理解與接受我的行為決定。

4. 地雷區：強調溝通偏好，避免不必要的誤解

- 避免冗長的 Email：我偏好面對面討論或簡訊溝通。若有必要發送長信，請先簡要提醒我查看。
- 挫折時不喜歡被安慰，沉靜五分鐘就好。

(直球對決)：我鼓勵直接反映意見與問題，不喜歡輾轉傳話或隱晦的批評，並樂於接受平等且具有建設性的回饋。

(說明)：儘管我是開放且重視人際的溝通者，但是不喜歡過於冗長或未經整理的資訊，以及間接、含糊或隱藏批評的溝通方式；拖延處理重要議題，或忽略溝通回應的期待。

當我先明確說出哪些是我的地雷區，不僅能預防誤會，也有助於伙伴更順暢地與我合作。

在每次的績效檢討（review）時，我不僅分享對同事的觀察與建議，也會反過來詢問：「你有什麼建議給我？我應該如何做，才能夠更好地支持你？」這樣的雙向溝通，讓我的團隊知道他們的聲音被重視，也讓我們得以共同成長。

正如我所相信的，「當你誠心向人敞開，他人也會用誠心回應你。」所以，當團隊成員了解我的溝通說明書後，他們不再需要猜測我的想法或偏好，也能主動提出更符合我溝通風格的合作方式。這樣的透明與開放，建立了一種彼此尊重、快速對齊的溝通文化，讓工作關係更高效、更有人情味。

不過，有些我的行為或反應是說明書上沒有寫的——例如當壓力來臨時，我的反應有些與眾不同。

我不喜歡別人主動問我「你好不好？」或「需要幫忙嗎？」那樣的關心反而讓我覺得更不自在。

這時候，我的紓壓方式很簡單：拿著一杯咖啡走到戶外，安靜五分鐘。我也會明確地告訴同事：「如果我暫時不說話，請不要擔心。」因為當他們向我提問，而我沒有立即回應，也不代表我忽略或生氣，而是我正在冷靜、專注思考。

我會說，「給我五分鐘或十分鐘，我倒杯咖啡，呼吸一下，很快就會處理好。」

回顧「三十年練一劍」的職涯歷程，之所以能夠一路走到今天，無論在何種角色上，我始終自認是一名溝通的「教練」，也藉著自我鍛鍊 CI 溝通智能，持續做著自己熱愛的事，正因為我的工作與我的價值觀彼此契合，讓我能夠穩定前行，更讓我在挑戰中找到持續成長的動力。

對年輕的伙伴來說，或許「確立自己的座右銘」聽起來過於老派，但我鼓勵大家不妨開始思考：

這一生，你希望成為怎樣的人？
你的核心價值是什麼？

這不僅會影響你的抉擇，也會塑造他人對你的觀感與評價。而這一切，可以從撰寫屬於你自己的個人溝通說明書開始。

> 你可以這樣練習

製作「我的使用說明書」

說明：製作方式不限,可以用繪圖方式呈現,使用顏色區分重點,自行增加其他你認為重要的欄位。

請記住:

- ☑ 說明書的內容沒有標準答案
- ☑ 你可以自由增減項目,依據自身需求與工作情境來設計
- ☑ 重點不是我的範例,而是打造一份屬於你自己的說明書

基礎界定　　　　　　　　　　我的價值觀

我的使用說明書
座右銘：＿＿＿＿＿＿＿＿＿＿＿

我的溝通風格　　　　　　　　我的溝通地雷

PART **4**

溝通變現,
成為自己的發言人

Chapter 13

強化個人影響力──
當你自己的品牌代言人

再卓越的能力,若無法有效溝通,世界將無從知曉。

以公關專業幫助企業形塑品牌三十年,很多人問我,當我們為客戶 CEO 準備演講稿時,會不會想把他們打造成像蘋果賈伯斯,或是輝達黃仁勳,一站上舞台或是在鎂光燈前,就能夠得體應對媒體的說話高手呢?

我的答案一直是:不會。人只能做好自己,無法變成別人。回到撰寫這本書的初衷,學習 CI 溝通智能的終極目標是透過有效的溝通,讓你自己的價值被看見,而不是仿效另一個人。

在這本書的一開始，我就強調會說話不等於會溝通，當然懂表達也不一定能表演。因此，即使是為企業領導者塑造「個人形象」，我也不會讓一個原本不愛說話的人硬是變成台上天花亂墜的表演者。這樣的轉變不真實、不適合，也難以持續，更無法發揮個人特質產生的影響力。

我們的方式會從他最擅長、最舒服的方式開始啟動，讓他不論日後是和團隊伙伴對話，或是對外公開演講，都是從個人優勢出發，這樣的「個人品牌」才有長久打動人心的影響力。

什麼是「個人品牌」的影響力呢？

如果你是一間公司的 CEO 或發言人，無論你自己是否願意，每一場公開演講、每一次接受媒體訪談，甚

企業領導者個人品牌 6 大元素

影響力　差異性　吸引人才　傳遞承諾　投資形象　品牌大使

至出席論壇時的穿著言行，其實都扮演了市場與社會對該企業觀感的窗口，此時你的個人品牌，就是企業品牌的延伸。

你所參與的每一場演講與論壇，所建立的每一個人脈，也不再是單純的社交行為，而是一種更有意義的連結（meaningful networking）。你的社交行為不僅是在為自己擴展人脈，更是在替公司打開合作的可能性，讓企業站上一個與競爭對手截然不同的層次。這樣的層次，來自於你擁有的媒體話語權，也來自於外界對你的注意與理解。

塑造個人品牌與發揮影響力

「你的每一句話，可能就是明天新聞的標題。」這就是個人品牌影響力的充分展現，你的觀察與趨勢判斷、對產品的評論，會影響市場對企業的期待，甚至會影響產品銷售量、合作關係、公司股價及評價，這也是企業領導人為何能將個人品牌影響力「變現」的方式。

不過，個人品牌的塑造不只是公開演講的表達能力、外在形象打造，更是價值觀、倡議行動與品牌影響力的總和。因此，不論是以企業為基底的雇主品牌（CEO、接班人或公司發言人），或是因應網路浪潮而

形象管理 5 面向:
- 了解社會期待
- 展現個人特質
- 持續學習遊遍世界
- 善用非語言溝通
- 有識別的穿著

產生的網紅（influencer），甚至是正在準備成為有影響力人士的你，其實都可以從以下三面向逐一檢視塑造個人品牌的方式：

1. 形象管理：打造辨識度

「視覺形象」是塑造個人品牌的第一步。

這裡的形象管理，不是要求你去模仿誰、變成誰，而是讓自己最好的部分被放大、被擦亮。

合宜穿著不僅是禮儀，也是一種對外溝通。無論是穿著、配件，還是肢體語言，都能讓人對你的專業態度

與品牌精神留下深刻印象。就像黃仁勳的皮衣、賈伯斯的黑 T-shirt 與牛仔褲，都已成為個人品牌連結企業理念的視覺符號。

「身體語言」與「個人風格」也是形象管理的一環，你希望創造自己的 Identity（身分標誌），讓人可以一眼辨識，且傳遞特定的價值與態度。

就像奧美的創辦人大衛·奧格威，也是一位非常具有個人特色的 CEO——他總是戴著吊帶、手持煙斗，展現一種創意思考者的形象。或是有些企業家習慣戴帽子、有人總帶著一支筆，這些不做作的符號，都會讓大眾更容易認識你、記住你。

2. 說話風格與傳遞知識管理

打造個人品牌是要讓大家看見你最好的一面，還有看到你的價值。除了衣著、語言外，更重要的是「視野及知識」。

因為一旦你站上那個高度，每個人都期待能從你身上學習這個產業的新趨勢、新知識，甚至是未來的遠見及方向。這不只是專業需求，而是一種社會期待。因此，持續學習、保持好奇心與行業敏銳度，會是你影響力的基石。

3. 價值觀框架

在建立個人品牌與影響力的過程中，你個人的「價值觀」（Values）扮演著不可或缺的角色。價值觀決定你如何看待世界，如何做選擇，也決定他人如何理解你，它不僅是形象的背後意義，更是決定行動的無形指南針。

理想情況下，企業領導者的個人價值觀與企業的組織價值觀應該保持高度一致。因為企業領導者的日常決策、溝通語氣，甚至處理衝突的方式，都反映了該企業所宣稱的價值觀時，團隊會感受到真誠，市場會產生信任，這就是一致性影響力（Congruent Influence）。

反之，言行不符不但會削弱員工的歸屬感，也會導致外部對品牌產生疑慮。

建立個人價值觀，發揮一致性的影響力

「一致性的影響力」也適用於網紅型的「個人品牌」上，因為你對外連結了贊助商、廣告商，還有無數粉絲、支持者等，如果言行失當而造成「人設破滅」，產生的負面影響是不容小覷的。

因此，建立個人的價值觀絕對不只是理念，更是競爭力。

黃金圈理論

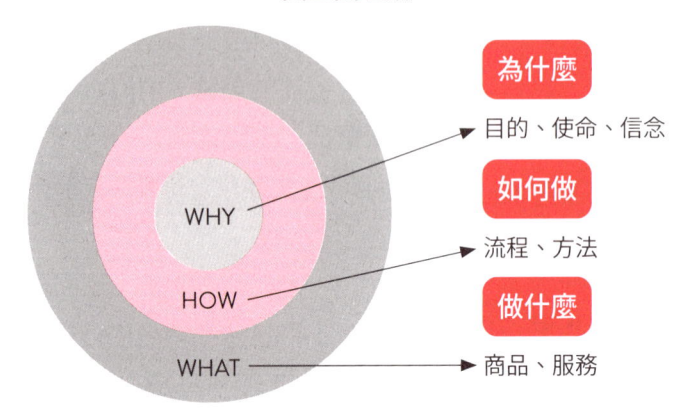

- 為什麼 → 目的、使命、信念
- 如何做 → 流程、方法
- 做什麼 → 商品、服務

資料來源：《先問，為什麼？：顛覆慣性思考的黃金圈理論，啟動你的感召領導力》賽門・西奈克（Simon Sinek）／著、天下雜誌／出版

　　塑造個人品牌最深層的力量，就是明確的價值觀與人生意義（WHY）。價值觀決定行為的邊界，也讓外界理解你做每個決定背後的理由。

　　看到這裡，很多朋友會問：「該如何找出自己的價值觀？」背後的問題是「WHY」，包括你為什麼要成為一個有影響力的人？為什麼要創造人生的價值？這些看似「靈魂拷問」的人生哲理，可以在自己的日常工作、生活中找出「一致性」。

品牌形象代言人的對外溝通 6 步驟

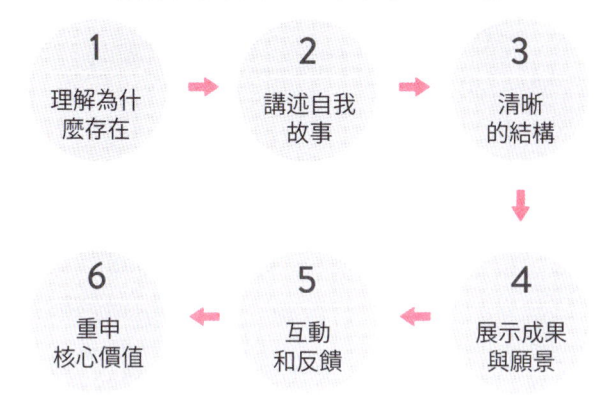

1. 理解為什麼存在 → 2. 講述自我故事 → 3. 清晰的結構 ↓
6. 重申核心價值 ← 5. 互動和反饋 ← 4. 展示成果與願景

資料來源：台灣奧美

　　以我自己為例，我的職涯身分是一名代理商顧問，我的工作是協助客戶、品牌、公司、同事，加上老闆走向成功，進而實現自己的成功。我熱愛這樣的工作內容，因為它讓我每天都能稱讚客戶、讚美產品、表揚同事與伙伴，這就是一種「言人之美」的日常實踐。

　　當然，作為企業主管難免也有檢討績效、調整方向的時候，但整體而言，我的工作能讓我能以誠摯與欣賞的態度與人互動。所以，我將「言人之美」與「成人之美」的「言」與「成」結合，形成「誠」這個字，自我期許成為一個「誠人之美」的人。

作為一名從事公關、溝通與品牌管理的專業人士，「誠懇、誠實與坦誠」不僅是我的工作原則，也是我的做人信念。我相信，當核心價值確立後，它將成為所有行為與決策的指引，因此每當遇到與這一個信念相悖的情境時，我都會提醒自己：「這樣做違反了我對自我的承諾，不能做。」

價值觀不是什麼抽象的信仰，而是每天決定說什麼、不說什麼，做什麼、不做什麼的行為指南。「誠人之美」這個信念不僅成為我職涯與人生的核心價值，更是我行動的準則。

回到你自己身上，當你想要建立個人的價值觀框架（Framework）時，請思考以下三個問題，梳理信念：

1. 在工作或人生中，哪些經驗讓我最驕傲？
   ➡ 回顧過去成功的經歷，尋找共通的價值驅動因素

2. 我最重視的行為原則是什麼？
   ➡ 如：誠信、創新、共好、學習、尊重、承諾

3. 我絕對無法接受的行為或選擇是什麼？
   ➡ 這些底線反映你最核心的價值

透過這三個問題,你可以勾勒出屬於自己的價值觀輪廓。接著,將這些價值觀書寫出來,並反覆檢視,這些價值是否能「指引我未來的行動」?是否能作為「團隊觀察我的標準」?

塑造個人品牌與影響力,不僅在於外在形象或說話技巧,更在於你是否有一套清晰、一致且可被驗證的價值觀。當企業領導人的個人價值觀與企業願景、文化相契合時,你的領導不再只是管理,而是啟發(Inspire)。當意見領袖的個人價值觀就是你行為的理由,也是他人願意相信你、選擇你、追隨你的原因。

> 你可以這樣練習

寫下你的價值觀與宣言

步驟 1：用簡單句完成以下句子
- 我公司或組織的價值觀是什麼？
- 當市場或社會提到我（或我領導的企業品牌）時，他們會聯想到 ＿＿＿＿＿＿＿＿。
- 我的價值觀應該如何發揮對社會的影響力？（我有存在世上的意義及目的）

步驟 2：將三句話整理為 50 字內的個人價值觀宣言

　　這段宣言將成為你未來做重大決策、對外發言或指導團隊行為的核心依據。

　　例如：「我相信成人之美與言人之美。我的領導風格是以誠懇與成就他人為核心，透過啟發式溝通建立信任，推動個人與組織共同成長。」

我的價值觀宣言：

步驟 3：回顧你目前所屬的組織文化或是個人行為，進行下列思考
- 個人價值觀與公司目前價值觀有多少一致性？
  ☐高度一致　☐部分一致　☐差異明顯
- 我如何主動將個人價值觀融入團隊溝通與決策中？
  （請列出兩個具體行動計劃）

步驟 4：將個人價值觀宣言寫下來，放在你的辦公桌、手機桌布或日常提醒工具中。

Chapter 14

輿論危機指南──
雙軌並進,降低後座力

期待沒有危機是假議題,真正的議題不是如何避免危機,而是如何提早做好準備及當下正確因應。

2025年4月,美國總統川普在白宮宣布一項名為「解放日」(Liberation Day)的行政命令,宣告美國將對所有進口商品徵收至少10%的「普遍關稅」,並對中國、越南、台灣等多個貿易逆差國,實施最高達50%的「對等關稅」(reciprocal tariffs)。

川普一席話等於對貿易伙伴、政治盟友、敵對國家投出「經濟核彈」,果真導致全球股市連續多日暴跌、主要敵對國家紛紛發言攻防,讓全球經濟、政治氛圍都

起了巨大變化。

經過短短一週,川普再度宣布各國對等關稅「暫緩」實施九十天(暫一律課徵 10%),唯中國例外⋯⋯這次命令發布看似企圖縮小過去一週引起的全球劇烈動盪,並將目標對準中國,但全球企業懸著的那一顆心根本無法放下,因為誰都無法預測川普接下來是不是還會有什麼驚人的發言呢?全世界沒有人是局外人。

我們團隊是許多國際企業的品牌推手,自然席捲在這場「關稅核爆」中無法倖免,要緊急為客戶啟動危機應變措施與調整規劃。另一方面,我不免思考,川普是「國家品牌」的領導人,但他自己也具有鮮明的「個人品牌」,對外發言也難以控制,如果我是他的公關團隊,該如何管理這一個非典型總統,來因應他每一次公開發言後產生的後座力呢?

危機管理是被動防護

在討論「衝突管理」的篇章中,我曾經分享過「未爆彈」的概念。危機的本質與未爆彈很相似,每個潛在危機,都是企業存在的現有議題,更是一枚尚未引爆的炸彈,面對危機時我們通常無法主動掌控局勢,而必須主動佈署商業環境中的危機防護網。

危機的 7 種特質

- 無預警的
- 情勢快速發展
- 不易掌控
- 成為媒體焦點
- 相關單位姿態敵對
- 情勢混亂
- 短期的

資料來源：台灣奧美

　　尤其是在人手一機，人人都是資訊傳播者，可以隨時發表評論，公開表達品牌滿意度的公民記者時代，想要完全杜絕企業危機的發生，幾乎是不可能的任務。也因此，企業品牌的溝通環境變得前所未有地複雜，任何產品的負面消息，都可能在瞬間被放大傳播。

　　而且更相較於正面回饋，大眾對於表達不滿的興趣，總是遠高於表達讚賞。所以，無論是企業品牌或個人品牌，在提供服務與產品時必須比以往更加謹慎與小心，以避免任何有可能引發負面輿論的破口。

　　正因如此，社群輿論危機管理已成為 CEO 們，甚至是準備接班的未來領導人，都必須面對的重要課題。

這也解釋了，長久以來一直有很多的企業客戶主動邀請我們，為他們的組織進行媒體危機議題管理的顧問諮詢。對於企業危機，大家都意識到一件事：如果希望防範於未然，唯一的方法就是「提早做好準備」。

事實上，多數的企業危機並不是像隕石撞擊般，突然從天而降。相反地，它們往往早有跡象，有些甚至已經存在於公司內部一段時間了，只是管理層未能及時察覺。我們無法阻止企業危機的「發生」，唯一能做的就是在事前做好準備，當企業危機來臨時，可以用最小的組織能量、最低的成本迅速回應，降低負面聲浪的「發酵」，盡快恢復企業品牌或個人品牌的聲譽。

建立企業危機預防機制

因應企業危機管理的準備機制，有四個核心結構：

1. 建立預防與情資蒐集系統

企業必須事先建立一個蒐集內外部情資的系統，系統包括內部資訊的整合與盤點，目標是早期辨識潛藏的危機訊號。這些可能造成企業危機的危險訊號，例如：

危機降臨,社群應對 4 原則

- 預備
- 危機
- 回應
- 偵測
- 恢復

資料來源:台灣奧美

- 客服系統反映的客訴趨勢
- 供應鏈異常數據
- 員工反映的潛在風險

2. 日常偵查機制

危險訊號往往來自於日常的蛛絲馬跡。所以偵查工作必須持續進行,且涵蓋「相關」與「看似不相關但可能演變」的議題,範圍包括:

- 客戶服務電話中，哪些是普通查詢？哪些可能隱含重大的問題？
- 社群媒體上的評論，是否有特定話題逐漸升溫？
- 自媒體每日大量產出的內容，與公司利益相關嗎？

3. 建立回應策略與機制

當情資指向可能發生的企業危機時，企業需迅速啟動內部危機處理小組，這不僅包括對外的發言準備，更包括內部溝通、法律意見、技術支援等層面。危機處理小組要先準備：

- 擬定回應策略
- 確立回應機制

4. 危機經驗的組織學習

企業危機事件結束後，必須將整個經驗轉化為組織的學習資產。才能避免類似事件重演，並提升整體應變能力。特別提醒，在恢復過程中，如果媒體曾經報導過事件，企業也應主動進行聲譽優化的後續動作。

「盡早發現、盡早預防、盡早介入」是危機管理的第一原則。成功的企業危機管理，其關鍵在於──能否

在媒體注意到（pick up）之前及早拆除引信，阻止爆炸的發生。只要未被媒體揭露，它就只是個「議題」；一旦有大眾媒體或自媒體開始報導，它就有可能成為真正的「危機」。

所以無論是客訴事件，或是產品誤解等小型議題，能夠在客服階段解決是最高明的處理方式。如果讓事件擴大，蔓延到社群媒體或大眾媒體，之後所需要投入的時間、人力、資金成本，將會成倍增加。

因此，當企業危機發生時，影響的大小、波及的範圍，端看能否及時發現、主動因應與有效處理。

事實調查與即時溝通「雙軌並進」

不過，企業危機發生的同時，很可能媒體已開始報導，或者利益關係人已開始詢問。因此，我們也不能將平息輿論視為單一任務，也必須啟動事實調查與即時溝通「雙軌並進」的機制。因此當企業危機事件發生（或即將發生）時，企業應立即啟動兩條作業線：

1. 內部事實調查

事實調查是拆彈的基礎，危機處理小組必須迅速、全面地掌握以下所有資訊：

- 發生了什麼事？
- 什麼時間、在什麼地點發生？
- 涉及哪些人員？
- 事件的真相是什麼？
- 事件對公司、客戶、社會的衝擊（impact）為何？

2. 同步溝通作業

當企業危機發生，媒體已開始報導，又或者利益關係人紛紛詢問。此時，若選擇沉默以對或僅以「不評論」（no comment）回應，很容易被解讀為默認事實。

尤其在當代的媒體語境中，「不評論」不再是沒有立場，而是被視為證實事件真相。因此，**準備一份清晰的溝通聲明**（statement），在此時顯得格外重要。

利益關係人的盤點與管理

還記得管理溝通能量的溝通象限雷達圖嗎？我們說要把 80% 的溝通能量放在重要的溝通對象中。在進行企業危機的溝通時，更不能漫無目標，對誰說？怎麼說？都是溝通策略的核心。

因此，事先盤點出所有利益關係人，並建立有效的聯繫機制，將是企業危機發生時的重要溝通對象。

以企業品牌來說，一般的利益關係人包括：消費者、員工、總公司或集團總部、意見領袖（KOL）、廠商、政府部門、壓力團體等，要確保跟所有利益關係人溝通的訊息都是一致的、透明的、迅速回應的。

　　過去，資訊流通的速度高度依附媒體形式，例如以往週刊爆料會在新刊發行日，電視媒體後續跟進，而報紙的截稿發稿時間也是固定的。因此在企業危機爆發後，還會有十二至二十四小時的應變時間。

　　但到了現在，網路新聞每小時更新，社群爆料更是隨時無預警出現，因此啟動完整的企業危機處理流程，最多只有六到十二小時的時間。所以企業品牌在處理社群危機時，必須同時進行如上圖列出的「策略決策」，並迅速與「利益關係人溝通」，雙軌並行，才能夠有效掌握社群危機的處理狀態。

撰寫至少三套危機劇本

　　由於危機發生時往往悖離常理情境，你可以試著運用「編劇」思維規劃危機的可能情境，並模擬應變步驟。所以，面對潛在危機時，請試著思考三個層次的劇本：

1. 最佳情境
   ➡ **如果一切順利,事件會怎麼發展?**
2. 最可能的情境
   ➡ **依現有資訊,最可能的後果是什麼?**
3. 最壞情境
   ➡ **最嚴重的結果可能是什麼?**

如果事件相當複雜,甚至應該編寫更多版本,模擬不同變化的走向。在危機管理的基本邏輯中,我們必須優先思考最壞劇本,從最壞情境出發,進行充分準備。

只要能應對最壞情況,那麼其餘挑戰自然就不足為懼。正如業界常說的那一句話:「Plan for the worst, prepare for the best.」(為最壞做計劃,做最好的準備。)

如果我們無法完全預防企業危機的發生,至少應該成為預防企業危機的資優生。一旦你學會面對不可預測的未知危機,不再恐懼,而是運用智慧、策略與行動處理,並在過程中引導團隊擁抱變局,將挑戰化為成長的機會,這些經歷累積的溝通智慧與能力(CI),終將成為你持續前行的重要資產。

結語

讓溝通智能與你同在！

　　我是個時代的幸運兒，也是個熱愛工作的人。從年輕時就有機會跟隨傑出的老闆與主管，攜手過許多優秀的伙伴，服務過各行各業的客戶，我深刻地覺得在資訊洪流與多元互動的職場中，真正能讓人脫穎而出的，從來不是學歷或技巧的堆疊，而是那份「讀懂空氣」的敏銳與智慧。

　　學會「閱讀空氣」，讓我們不只是說話的人，更成為有效溝通的引導者與促成者。在每場會議、每次茶水間、電梯內的交會，那些無聲勝有聲的瞬間，**要練習的不只是聽話，而是聽懂話；不只是看見人，而是看懂人。**

尤其，在這個變動快速、跨域協作已成為常態的職場中，「會說話」早已不是溝通的全部；真正能讓你被理解、被信任、被跟隨的關鍵是「溝通智能」。

溝通智能不是說服、不是獨白、也不是迎合，而是一種建立理解、共同前進的過程。無論你是基層員工、團隊主管，還是身處決策高層，擁有溝通智能才能讓你**跨越誤解、串連團隊，甚至放大影響力**。

就像 AI 改變世界的運作方式，我相信 CI 也將改變我們連結他人、實現目標的方式。在這本書裡，我所分享的 CI 溝通學是在自己的工作、生活中，日日淬煉、時時精進，鑄造成一把不但能助己、更能利他的光劍。

「**真正高明的溝通，從來不是為了贏，而是為了達成共好。**」一直是我深信不疑的信念，不論是職場晉升、跨部門合作、面對難搞主管、經營親密關係，溝通智能不只是你用來影響他人的工具，更是自我成長的途徑、理解世界的方式。

希望這本書能夠讓你和我一樣，將「溝通智能」變成內建原力，在人際關係中游刃有餘，也能在組織變動、趨勢洪流中找到自己的位置與價值。從今天起，把時間花在鍛鍊你的溝通智能，相信將會是你未來職涯與人生最值得的投資。

CI 溝通智能學知識架構

5 階段刻意演練，建立你的氣場與風格

- 踩到對方痛點
- 自我升級內化
- 溝通情境練習
- 啟動溝通智能
- 觸發學習意願

經理人必懂的 CI 溝通智能

左腦 閱讀空氣的「能力」　　洞察人心的「智慧」 **右腦**

Step1：
觀 → 掃描整體氛圍

Step2：
問 → 問出關鍵問題

Step3：
聽 → 聽出弦外之音

Step4：
說 → 表達核心訊息

Step1：
辨識目標對象溝通風格

Step2：
盤點溝通對象 360 度雷達圖

Step3：
聰明管理自我溝通能量

Step4：
主動分享自我溝通手冊

提升溝通 3 層次

一般工作者
溝通提升
合作力

向上管理	向下領導
橫向溝通	外部合作

（中央：合作力）

用入戲策略協助伙伴彼此以對方立場思考並同理差異，讓工作互動更順利，進而提升團隊績效。

中階主管
溝通提升
領導力

領導	談判說服
衝突管理	激勵團隊

（中央：領導力）

精準對標方法來激勵員工，說服伙伴，解決衝突與包容多元意見，引導團隊共創問題解決方案，雁型效應帶著團隊往前走。

CEO、高階主管
溝通提升
影響力

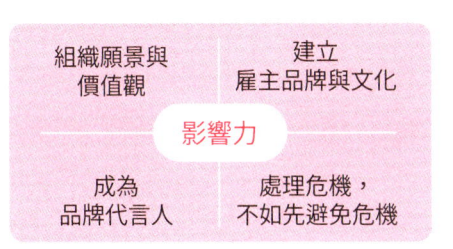

組織願景與價值觀	建立雇主品牌與文化
成為品牌代言人	處理危機，不如先避免危機

（中央：影響力）

每個 CEO 都是一個「個人品牌」，運用內部及外部溝通企業願景及建立形象，危機預防，實現企業社會責任，引領產業話語權，建立影響力。

讓溝通智能與你同在！

國家圖書館出版品預行編目 (CIP) 資料

閱讀空氣懂人心:「懂事」總經理教你優化連結、深度合作、擴大影響力的 CI 溝通學 / 謝馨慧著. -- 第一版 . -- 臺北市:天下雜誌股份有限公司，2025.07

面； 公分 . -- (天下財經 ; 586)

ISBN 978-626-7713-18-1(平裝)

1.CST: 職場成功法
2.CST: 商務傳播
3.CST: 溝通技巧

494.35　　　　　　　　　　　　114007303

天下財經 586

閱讀空氣懂人心
「懂事」總經理教你優化連結、深度合作、擴大影響力的 CI 溝通學

作　　者／謝馨慧
封面設計／FE 設計 葉馥儀
內頁排版／陳家紘
責任編輯／方沛晶

天下雜誌群創辦人／殷允芃
天下雜誌董事長／吳迎春
出版部總編輯／吳韻儀
出 版 者／天下雜誌股份有限公司
地　　址／台北市 104 南京東路二段 139 號 11 樓
讀者服務／（02）2662-0332　傳真／（02）2662-6048
天下雜誌 GROUP 網址／http://www.cw.com.tw
劃撥帳號／01895001 天下雜誌股份有限公司
法律顧問／台英國際商務法律事務所・羅明通律師
製版印刷／中原造像股份有限公司
總 經 銷／大和圖書有限公司　電話／（02）8990-2588
出版日期／2025 年 7 月 03 日第一版第一次印行
定　　價／450 元

All rights reserved.

書號：BCCF0586P
ISBN：978-626-7713-18-1（平裝）

直營門市書香花園 地址／台北市建國北路二段 6 巷 11 號 電話／（02）2506-1635
天下網路書店 shop.cwbook.com.tw 電話／（02）2662-0332 傳真／（02）2662-6048

本書如有缺頁、破損、裝訂錯誤，請寄回本公司調換

天下 雜誌出版
CommonWealth
Mag. Publishing